U0331186

改变思维，拥抱成长

调节青少年压力与情绪的心理学策略

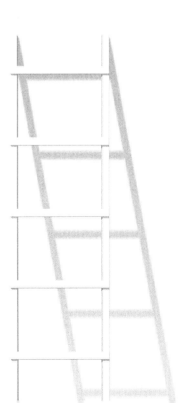

【澳】萨拉·埃德尔曼
Sarah Edelman

【澳】路易丝·雷蒙德
Louise Rémond

———

著

邓雪滨
———

译

 华东师范大学出版社
上海

图书在版编目(CIP)数据

改变思维,拥抱成长:调节青少年压力与情绪的心理学策略/(澳)萨拉·埃德尔曼,(澳)路易丝·雷蒙德著;邓雪滨译.—上海:华东师范大学出版社,2021
ISBN 978-7-5760-1143-2

Ⅰ.①改… Ⅱ.①萨…②路…③邓… Ⅲ.①青少年心理学 Ⅳ.①B844.2

中国版本图书馆 CIP 数据核字(2021)第 019359 号

上海市版权局著作权合同登记 图字:09-2019-248 号

改变思维,拥抱成长：调节青少年压力与情绪的心理学策略

著　　者　[澳]萨拉·埃德尔曼　[澳]路易丝·雷蒙德
译　　者　邓雪滨
责任编辑　白锋宇
责任校对　王　琳　时东明
装帧设计　刘怡霖

出版发行　华东师范大学出版社
社　　址　上海市中山北路 3663 号　邮编 200062
网　　址　www.ecnupress.com.cn
电　　话　021-60821666　行政传真 021-62572105
客服电话　021-62865537　门市(邮购)电话 021-62869007
地　　址　上海市中山北路 3663 号华东师范大学校内先锋路口
网　　店　http://hdsdcbs.tmall.com

印　刷　者　杭州日报报业集团盛元印务有限公司
开　　本　787 毫米×1092 毫米　1/16
印　　张　14
字　　数　171 千字
版　　次　2021 年 4 月第 1 版
印　　次　2025 年 2 月第 4 次
书　　号　ISBN 978-7-5760-1143-2
定　　价　48.00 元

出　版　人　王　焰

(如发现本版图书有印订质量问题,请寄回本社客服中心调换或电话 021-62865537 联系)

本书谨献给所有的青少年，
希望你们在愉快阅读的同时，
获得改变思维的能力。

目　录

前　言

如果你是一名青少年，你身上会发生很多的故事。你会面临来自各ix
方的压力：父母和老师会要求你更有责任感；朋友会带给你各种各样新
奇的想法；如果你想变得成功和受欢迎，媒体也会给你大量的关于你应
该是怎么样的及怎么做的信息。但最大的压力是：考试近在眼前，以及
你需要为你的未来作出决定。

你还有许多需要适应的变化：你的身体在发育，人际关系的特点在
改变，甚至你看待事物的方式也要作出调整。你可能会问自己，你是谁？
你适合哪里？就像许多其他的青少年一样，你可能会感觉到自己正处于
一种尴尬的状态——你确定自己不再是一个孩子，但是也不是一个完全
意义上的成人。尽管青少年时期总是充满着乐趣和兴奋，但是也带来了
很多新的挑战。

青少年时期发生了什么？

当你处在青少年时期，你的生理、情绪、社会性都会有不同程度的
发展。

身体变化

青少年时期最显著的变化是身体的变化，你在逐渐变成一个成人。
这些变化，不仅在你而且在他人看来，都是很明显的。x

当大脑中的化学递质触发性激素（sex hormones）分泌的时候，青春

期就开始了。身高、体重和体形随之改变。你的皮肤变得更油性（经常会带来恼人的青春痘）。女生的胸部开始隆起并出现月经，男生的声音变得浑厚并出现勃起现象。

这些变化可能导致过度的自我关注。许多青少年会担心他们的长相以及别人对他们的看法。然而，每个人的发展并不同步，有些人的身体变化会更明显些。如果你是健康的，而且大部分情况下都吃得好、睡得香、锻炼足，那么你的身体就会达到适合你的最佳状态。

大脑的变化

过去科学家们认为我们的大脑在幼儿期就已完全成熟，但是我们现在才知道，从 12 岁到 20 岁出头，我们的大脑还会经历一个重要的重塑（rewiring）阶段。因此，许多专家把青少年的大脑看作是"正在塑造中"的大脑。大脑会经历一个"精简"（pruning）的过程，在这个过程中，经常被用到的神经联结被加强。比如，如果你经常练习一种乐器，做很多特定的数学题，或者连续玩好几个小时的游戏，你大脑内的这些联结通路就会变得更强。那些不太相关的或不太常用的神经联结（比如仅在你出生后头几年经常使用的语言）会慢慢消失。

当这些大脑变化出现的时候，你的思维方式和选择方式也会发生改变。在青春期早期，大脑的情绪部分在问题解决和决策过程中扮演着重要的角色，这就是你可能有时会做不那么理性事情的原因。你能更为强烈地感受到情绪，也可能发现自己要比以前更容易感到生气、焦虑、伤心和厌烦。当你慢慢长大，大脑其他部分的发展开始让你的思维方式有所变化。比如，你更能理解其他人的观点，反思自己的想法并为未来作打算。

这些变化像其他任何你未曾经历过的成长一样，需要你适应，并且

xi

有时候会让你进入一种过度投入(overdrive)的状态。比如,许多青少年会思考"假如……将会怎么样"的问题(即对未来的预想和担忧),而且发现自己对某些事情想得特别多。你也可能发现自己会思考一些更加深刻的问题,比如爱和宗教,或者特别在意别人怎么看你。

社会性发展和愈发强烈的自我认同感

要想成功地从一个孩子变成一个成人,你需要变得更加独立。想要更加自由地做自己想做的事情并且自己做决定,这是很正常的事情。当你拥有越来越强的批判性思维能力时,就会去挑战成人给你施加的规则。这对那些想要保护你的父母和其他成人来讲是一件困难的事,因为他们觉得你可能还没有达到你正在追求的那种独立的状态。有时这就像你和他们之间在进行一场拉锯战,充满着紧张的气氛和无休止的争执。

在青春期,青少年与成人之间的"斗争"时常发生。这是从对父母与家庭完全依赖的儿童期,过渡到成为独立成人过程中的一部分。大多数青少年想要和他们的父母分离,而与那些能够相互交流想法并能一起玩耍的朋友和同伴更加亲近。对于这一转变,不仅青少年自身需要适应,而且他们生活中的其他人也需要适应。

青春期的另一部分是发展自我认同感(sense of identity)。在青少年时期,通常你会问自己这样的问题:"我是谁?""我属于哪里?"当你小的时候,你的认同感受家庭氛围和早年经历的影响。到了青春期,由于你有了新的想法,并且正在经历种种改变,这种认同感就是指你开始更多地探索关于你自己的部分。这种探索既可能让你感觉兴奋,同时也可能让你感觉担忧和困惑。

当你想了解真正的自己是什么样子的时候,你很可能会问很多关于你自己和周围世界的问题。这些问题包括：

- 友谊（比如，"我真的属于这个群体吗？""我和相处已久的老友还会有相同点吗？"）；
- 关系和性（比如，"我会被谁所吸引？""在我喜欢的人面前，我该怎么做才能让对方知道我们'不只是朋友？'"）；
- 兴趣（比如，"我还喜欢以前听的音乐吗？""我会对什么充满激情？"）；
- 个人风格（比如，"面对这个世界，我要如何展示我自己？""我应该穿什么衣服？"）；
- 价值观和道德感（比如，"我的立场是什么？""什么对我而言是真正重要的？"）；
- 未来（比如，"我的目标是什么？""我想要什么样的生活？"）；
- 灵性/宗教（比如，"我信奉伴随我成长的宗教吗？""我要与父母或者朋友有相同的信仰吗？"）。

可能有许多方面是你作为个体以前从来没有想过的。你并不需要马上找到这些问题的答案——这些答案会在生活中慢慢变得清晰，我们也会更清楚地了解我们自己和这个世界。

关于本书

尽管我们在青春期会面临很多特殊的挑战，但是困难并不会因为我们变成成人而突然结束。在我们生活的每一个阶段都会有压力事件，同时也会有喜悦、兴奋和满足的时刻。如果我们能够学会处理人生中的挑战，而不至于陷于困境的话，我们就能够享受更快乐、更圆满的人生。我们可能不能阻止压力情况的发生，但是我们可以学习以一种更好的方式来回应,尽量减少它们对我们情绪的负面影响。

一般情况下我们会觉得我们的生活经历会决定我们的感受,但实际上最重要的是"我们如何去看待这些经历"。学习用一种健康和平衡的方式去思考,会帮助我们避免很多不必要的痛苦,同时在压力事件发生的时候,使我们能够很快地恢复。它也会让我们在面临挑战的时候提升我们的问题解决能力,让一切尽在掌控之中。

认知行为治疗(Cognitive Behavioural Therapy,CBT)是一种基于技能的心理学方法,通过让你挑战无益的思维习惯并用更加理性和平衡的方式看待事物,处理生活中的压力和令人不快的情绪。大量的研究表明,运用基于CBT的技术可以帮助人们减少被情绪严重困扰的概率,也能让他们在经历心理问题的时候能够更快地恢复。

"认知"(cognitive)这个词是指我们的思维过程,既包括我们的想法(thoughts),也包括我们的信念(beliefs)。CBT的核心理念是:通常是我们的认知让我们感觉糟糕。如果我们能够改变我们的想法和信念,那么即使我们不能改变环境,也能改变我们的感受。

"行为"(behavioural)这个词是指我们所采取的改变思维和感受方式的行动。在认知行为治疗中,典型的行为策略包括:

- 尝试我们通常会回避的新行为(比如邀请某人一起叙叙旧,在课堂上讲话更大声一些,或者加入学校的乐队);
- 通过重复做让我们感到害怕的事来面对恐惧;
- 探索不同的问题解决方法,选择一种策略并加以实施;
- 同他人进行更加有效的沟通;
- 刻意做自己喜欢做的事情,或者做那些能够给我们带来成就感以帮助情绪改善的事情;
- 练习放松和正念技术。

　　这本书描述的策略都是基于 CBT 的，能够帮助你处理现在和将来可能面对的挑战。尽管愤怒、焦虑、难过和内疚这些令人不快的情绪是人正常生活的一部分，但运用 CBT 策略能够帮助你更快地从这些不良情绪中恢复，或者避开这些情绪。这些策略也会帮助你在生活的压力下变得更有复原力，同时使你有更好的自我感觉。

　　最重要的是，在这个阶段学习到的这些策略会让你具备度过成年阶段所需的一系列技能。实际上，许多已经学会运用 CBT 策略的成年人对我们说："我多希望有人能在我读书时教授我这些技术，这样可让我的生活变得更容易。"（本书的作者也希望我们在青少年时就学会使用 CBT 技术）。许多专家主张，人们越早学习这些技术，在他们之后的生活中就越可能免于心理问题的困扰。

　　最后，还是要强调一点，尽管这本书对于情绪处理是很有用的资源，但它的作用还是有限的。如果你正在经历特别严重的压力，或者感觉被焦虑、无助或任何强烈的情绪所压垮，那么请把你的情况告诉你信任的成年人。让你的家人、老师、学校辅导员，或支持你的朋友了解你的状况，他们会极大地帮助你改善你的情绪。如果你需要其他的支持，我们在这本书的后面也提供了一些有用的资源。但是，如果上面的方法都没有用，那么请和你的家庭医生联系。他们会询问你具体发生了什么，也可能会将你转介给心理健康方面的专业人员。同那些对处理心理问题比较有经验的人讨论你的问题，能帮助你从不同的视角去看待你周围发生的事情，处理你正在面临的挑战，这会让你更快地回到正轨。

　　我们希望读者喜欢这本书，并通过阅读，获得改变思维的能力。

萨拉和路易丝

第一章
想法、情绪和行为

你曾经有过这样的体验吗？忧心忡忡好几天，却在一周后意识到根本没什么大不了的；也许和你的朋友、家人聊聊后就感觉好多了。尽管环境并没有改变，但当你开始从不同的角度思考时，你的心情就好转了。这种体验证明了一个重要的心理学原理：

> 我们如何思维决定了我们作何感受；
> 改变我们的思维方式就能改变我们的感受。

有时事情不如我们所愿，有时别人会令我们失望，有时我们会犯错误，有时希望会破灭，但最终决定我们对这些情况的感受的，是我们如何看待它们。如果我们用负性的、自我击败（self-defeating）的方式思考，就会让自己陷入彻底的痛苦，即使情况并不那么糟糕。

你可能会注意到，人们在相同情境下的反应是不同的。想象有两个女生正准备第一次 12 年级①考试，她们的智力水平和学习时间都差不多，但一个感觉筋疲力竭，而另一个只是有点儿紧张，基本上感觉还好。为什么她们的反应如此不同呢？不是考试本身，而是她们如何看待考试这件事决定了她们的感受和行为。那个对考试感到压力重重的女生会想："这太糟糕了……所有的事情都压着我……如果我考不好，每个人都

---

① 相当于国内的高三。——译者注

会对我很失望,我会完全毁了我的未来。"而另一个女生是这样想的:"考试总是令人紧张的,但是我已经在考前做了很多准备,只要去做就不会太差。到目前为止我的成绩一直不错,因此这次考试也应该问题不大,只要尽力就好。"

在这个例子中,从压力重重到略有紧张的两种状态,说明了如何思考在很大程度上决定了我们有何感受,而且我们的想法和信念也会影响我们的行为。

想象两个男人走进一个都是陌生人的聚会场所,其中一个尽管有点儿紧张,但没多久就和那里的人攀谈起来,而另一个却找到一个角落躲了起来。

在这个例子中,第一个人认为自己是招人喜欢的,并且相信别人也会给予善意的反馈,感觉对别人友好是很自然的事,因此他愿意去接触陌生人并且能够攀谈起来(行为)。相反,他的朋友自尊较低,觉得别人会对自己有负面的反应。他心想:"我不想到陌生人中间和他们聊天……他们可能会不理我而让我看起来完全像个傻子。"结果,他远离人群躲了起来(行为)。

想法

在我们日常生活中,我们会不断去思考和理解周遭的环境,好像在我们大脑内部,有一个内在的声音在解释我们所体验到的事情。这个内在的声音包括我们的想法(有时被称为"自我对话",self-talk),以及我们对于自己和这个世界的深层信念。我们的自我对话是自动的,好像是"事实"或"真相",但实际上只是我们的解释,并不总是正确的。虽然很多自我对话是合理的(比如,"为了考试最好还是要学习一点儿","我真的很期待那场比赛","今天晚上他好像很安静"),但是有些自我对话是

负面的、不正确的或者是自我击败的（比如，"我一定会输"，"这比赛打得 3
很差——我真的是无可救药"，"他这一晚上都很安静，一定是因为他不
喜欢我"）。负面的自我对话经常会让我们感觉很糟糕，并且体验到挫
折、难过、内疚、受伤、愤怒或者焦虑等令人不快的情绪。

我们的想法可能是合理的，也可能是不合理的；可能会有一些真实
的成分，也可能会被严重歪曲。需要记住的是，并不会只是因为你想到
了一些事情，就使之成真。

　　某日，贾娜在超市排队，在她东张西望的时候看到了她的同学
萨拉正向她走来，贾娜对萨拉微笑示好，但是萨拉却径直走过去而
没有理会她。

如果你是贾娜，你会怎么解释这个状况？一种解释是萨拉故意忽略
她。比如，贾娜可能会想："我做错什么了吗？我一定做错什么让她不高
兴了。"这种自我对话可能会让贾娜感到难过，她担心自己做了冒犯萨拉
的事，也因让萨拉不高兴而感到内疚。或者，贾娜会这样想："她怎么这
么没礼貌啊？好像真的很了不起的样子！问个好有那么难吗？我觉得
别人肯定不会像她那样！"这种解释会让贾娜感到愤怒，并且决定在下次
遇到萨拉的时候也不会以礼相待。

让我们重来一下，假设贾娜知道萨拉过去是戴眼镜的，那么这会如
何影响贾娜的自我对话？贾娜可能会想："萨拉真有趣，她没有眼镜什么
都看不到，怎么还从来都不戴呢？"如果贾娜这样想，她会有什么样的感
受呢？可能会觉得好玩，并且很想大声叫住她。

或者贾娜也会想："萨拉好像完全沉浸在自己的小世界里，不知道是
不是发生了什么事情？我知道她妈妈一直病得很重。"如果这是贾娜的
解释，那么她可能会感到有点担心，可能会去问萨拉是不是一切都还好。

还有一种可能就是，如果贾娜只是觉得"萨拉显然没有看到我"，她也许就不会把这事太放在心上。

4　　　因此，你可以看到，不仅仅是那些发生的事情决定了我们作何感受，而且我们对它们的解释方式也决定了我们的感受。

🏵 情绪

我们的情绪决定了我们的感受——我们的感受可能好，可能坏，可能介于两者之间。有时我们体验到正向（快乐的）情绪，比如兴奋、满足和惬意；有时我们会体验到负向（不快乐的）情绪，比如焦虑、难过、挫折、受伤、怨恨、愤怒或羞愧。我们的情绪很大程度上被我们的想法（知觉）所影响，同时伴随躯体（身体）的反应。事实上这些情绪之所以让我们感觉不快，是因为它们会产生不舒服的身体感觉，比如胸部和肩部的紧张，胃部恶心，跃跃欲试又紧张不安，身体突然发热和心率加快。如果下一次当你感觉到焦虑、愤怒、受挫或者沮丧的时候，就闭上眼睛去仔细觉察你的身体里正在发生什么，你会注意到和这些情绪相连接的那些特定的身体感觉。

尽管大多数人不喜欢体验不快乐的情绪，但这些情绪在我们的生活中仍然扮演着积极的角色。情绪会引发行为，当情绪激发我们去做对我们最有利的事情的时候，它们会给予我们很人的帮助（即使这些情绪是让人不快乐的）。比如，面试前或考试前的焦虑，可以促使你多做准备；因为差劲的服务而产生的愤怒，会让你比平时更能够去捍卫自己的权利；因为对朋友说了某些让他受伤的话而产生的内疚，会让你去找他道歉。

尽管不快乐的情绪会激发我们去行动，以帮助我们得到我们想要的，但有时我们还是会忽略这些情绪信息。比如，你是否曾发现自己因为没有学习而感到内疚,却仍然什么都没做? 或者因为那些你认为不公平的事件而感到愤怒,却没有尝试去解决? 在另外一些情况下,我们的所作所为可能让事情变得更糟。例如,因为感到羞愧而不去上学,因为感到难过而远离人群,因为感到焦虑而变得拖延,或者因为感到愤怒而把怒气转移到朋友身上,这些行为是自我击败的。最终,这些行为会阻止你获得生活中你想要的东西。

行为

我们所做的(我们的行为)对我们的生活质量会有很大的影响。我们的行为包括:每天上学、和好友联络、和父母或者老师交流、看电视、吃巧克力蛋糕、在图书馆学习、浏览社交媒体、跑步、传八卦、加入俱乐部、睡觉、把海报贴到卧室的墙上,以及很多类似的事情。

我们的行为可能是有益的,也可能是无益的。有益的行为会促使我们去接近生活中我们想要的和重视的东西,比如,交朋友,在学校表现优秀,拥有健康和获得乐趣。无益的行为却相反,会让我们远离那些我们想要的和重视的东西。比如,你可能发现自己拖延着不去完成作业,回避交朋友的机会,生气的时候怪罪家人,或者吃一大堆垃圾食品。

我们的行为会被我们的感知(perceptions)(即我们的想法和信念)所影响。例如,如果你认为应该准时,那么就更可能提前计划以准时到达。如果你觉得别人可能会拒绝你,那么就更可能努力去取悦别人,并且发现很难拒绝他人。如果你认为只有努力追求你的目标才会成功,那么就更可能为了成功而努力地工作。但是,如果你认为自己做的每件事都必须完美,就可能会给你造成太大的压力。结果,你可能会拖延,或者花费很长的时间去做一件事情。

6 **简言之……**

■ 我们的想法和信念（感知）影响我们的情绪，因而在很多时候会影响我们的感受。

■ 情绪在引发我们行为的过程中扮演了重要的角色。即使那些不快乐的情绪，像焦虑、愤怒、难过和内疚，也可能是有帮助的，因为它们可能会引导我们去做和我们目标一致的事情。

■ 我们的行为对我们的生活质量有重要的影响，同时也会受到我们的想法和信念的强烈影响。

第二章
我们的"ABCs"

在 20 世纪 70 年代,有个叫作阿尔伯特·艾利斯(Albert Ellis)的心理学家通过 ABC 理论,描述了想法、情绪和行为之间的关系。

🌰 A 是指"激发事件"

"激发事件"(activating event)是指那些让我们产生情绪反应的情境或者触发事件。例如,丢了手机,作业太多却没时间完成,或者是朋友对你的批评。

🌰 B 是指"信念"

需要注意的是,这个类别实际上包括我们的想法和信念,但是因为它是以"B"开头的,所以我们经常用"beliefs"(信念)指代。我们的想法是脑海中产生的不同的念头,这些念头可能一天产生几千次。例如,"我希望我能够按时到达","星期天是乔的生日","我必须记得还那本书","我想知道晚饭吃什么"。而我们的信念是那些更加基本的、不易改变的对自我和世界的假设。例如,"我不够好","我是讨人喜欢的","人们应该做正确的事","你应该总是准时的","如果我对别人好,他们也要对我好"。我们的许多信念是无意识的,也就是说,我们甚至都没有觉察到它们。

8 C 是指"结果"

我们的"B"（想法和信念）会影响我们的情绪和行为，这些情绪和行为被看作是结果（consequences），即 C。

当某件事情发生的时候，我们感到难过，通常会认为是"A"（激发事件）给了我们这种难过的感觉，但实际上是"B"（我们的想法和信念）让我们有这样的情绪。比如，当科琳在她喜欢的男孩伊万旁边感到尴尬的时候，她会怪自己："伊万一定觉得我是个失败者，我什么话都说不出来，甚至不看他……我怎么这么可怜？"这一连串的想法让科琳感觉到难为情和没有价值感（情绪结果），于是她再也不会去可能会碰到伊万的地方了（行为结果）。

里奇最近考试没有及格，他认为："我不及格是因为我没有好好学习。"这会使他感到失望，但是不会让他感到没有希望（情绪结果），因为里奇相信如果他努力就能考得好。失望会促使他努力学习，并为下一次考试做好准备（行为结果）。

让我们再来看看斯科特、凯茜和托尼的例子，这些例子都诠释了自我对话的 ABC 模型。

斯科特

激发事件	拿到考试时间表。
信念／想法	这次考试我估计不行。 我会考不及格的，这次考试将是场灾难。我的父母会对我很失望。 我考不上想要学的专业，然后也不能找到合适的工作……最终我会成为一个失败者。

结果	
我的感受如何?	感到压力、恐惧、忐忑不安,没法让自己坐下来学习。
我做了什么?	坐在电视机前,吃了两大包薯条。

凯茜

激发事件	看到镜中的自己。
信念/想法	我看上去绝对让人讨厌——我太丑了。 我的皮肤看上去好差呀,我的头发也很糟糕……每个人都会看到我糟糕的样子。 为什么我就不能像瑞秋一样? 她那么完美……

结果	
我的感受如何?	感到抑郁,没有希望。
我做了什么?	不出去找朋友,整天待在家里。

托尼

激发事件	在学校的板球比赛中没能接住制胜的一球。
信念/想法	我真不敢相信我竟是这么一个动作不协调的蠢货。 那球那么容易接,我怎么还会失手? 我不应该在这个队里,我让每个人都很失望。

结果	
我的感受如何?	沮丧、尴尬、羞耻、痛苦。
我做了什么?	比赛后直接回家。 决定不参加赛季结束后的聚餐。

 ## 你来试试

理解 A、B 和 C 之间关系的最好方式就是看如何将其应用在我们自己的经历中。要不要试一下呢?

回想一下过去两周里所发生的、让你感觉不好的情景,比如,你可能感到难过、有压力、愤怒、悲伤、焦虑、尴尬或者内疚。

在下面的压力日志(Stress Log)中，你可以简短地描述一下。在"激发事件"的旁边写下那个情景，在"信念/想法"的旁边写下你当时的想法（我们可以在第三章和第四章更详尽地了解"信念"这个概念），最后在"结果"的旁边写下你作何感受以及你做了什么。

提示：当你描述激发事件的时候，记住要紧扣事实。比如，"我试了牛仔裤，但是太小了"，而不是"我试了牛仔裤，看上去又肥又丑"；或者"伊万向我打招呼的时候，我脸红了，故意往别处看"，而不是"伊万跟我打招呼，而我故意骗自己说他没有"。

压力日志

激发事件
信念／想法
结果 我的感受如何？ 我做了什么？

再想一个让你感觉糟糕的情景，将你的 A、B 和 C 填在下面的表格里。

压力日志

激发事件
信念／想法
结果 我的感受如何？ 我做了什么？

发展良性思维(good thinking)最有效的方式就是，警惕进入脑海中

的任何一个负面的或自我击败的想法。学习识别错误的和不合理的思维，会把我们的注意引导到那些我们需要挑战和改变的自我对话上。在接下来的章节里，我们将展示如何去做。

 简言之……

- 我们的情绪反应通常会被激发事件所触发，我们的想法和信念决定了结果（也就是我们的情绪和行为）。这就是我们日常经验中的"ABCs"。
- 使用压力日志来监测我们的"As""Bs"和"Cs"，可以帮助我们注意到那些无益的思维，也能够帮助我们更好地理解想法和信念是如何影响我们的情绪和行为的。

第三章
常见的思维误区

13 　　谈到负性思维，须提及一些人们经常落入的陷阱。因为它们不能帮助人们准确或恰当地感知周遭环境，所以称之为"思维误区"（thinking errors）。思维误区是引发糟糕情绪和自我击败行为的主要原因。当你发现自己情绪不好（比如焦虑、愤怒、抑郁、怨恨、内疚或者羞愧）的时候，留意你可能涉及的思维误区是有帮助的。下面列出了一些常见的思维误区，看看哪些适用于你？请记住，我们大多数人，都会在某些时候陷入这些无益的模式。

　　下面列出了 10 种思维误区，以及挑战它们的方法。

1. 非黑即白思维

　　基于非黑即白思维（black-and-white thinking），你看待每件事的方式要么好要么坏，没有中间地带。你的工作要么做得非常出色，要么一塌糊涂。如果你的样子不像模特，那么就一定很丑。如果你做错某事，那么就是一个彻头彻尾的白痴。你的父母或者老师要么特别好，要么特别差。

例子

　　佐兰的乐队第一次在当地的乐队比赛中进行现场表演，观众中

有些人很关注他们的演出并参与其中,而其他人只是在那里聊天, *14*
并没有关注他们的表演。佐兰感到情绪低落,他暗暗想道:"真是场
灾难,根本没有人在听。"事实是,有些人很有兴趣,有些人不是,但
是乐队表演得很好,也收到了一些正面的回应。

特里在辩论队的表现并没有达到他以往的高标准,尽管已经表
现得很不错了,但是因为他告诉自己他是没希望的,所以他感到非
常沮丧。

挑战: 避免非黑即白思维。

小心走极端。大多数事情都不是非黑即白的,通常它们处在两者之
间。事情不完美并不意味着毫无意义或者毫无希望。

问自己

- 事情真的那么糟吗? 还是我在使用非黑即白思维看问题?
- 有更平衡的方式来考虑当下的状况吗?

反思

你是否有过使用非黑即白思维的经历? 请写在下面:

 ## 2. 比较

我们有时会拿我们自己和其他人比较(comparing),尤其会和那些
我们认为在某些领域有优势的人。比较是有失偏颇的,因为我们只和

那些在某些方面比我们好的人比较，这样总会让我们感觉自己不够好。

15 **例子**

每当利娅翻看她最喜欢的杂志时，她总是对自己说："那个模特太完美了，跟她相比我的腿又粗又壮……看她的小腹那么平坦，而我却有一堆赘肉。"每当利娅参加朋友的聚会时，她整晚都会和那些她认为特别漂亮的女孩比较，最后总会感觉自己不如别人。

克雷格的哥哥史蒂文是一个很有天赋的学生，他在 12 年级的成绩排名是全校第一。因为克雷格总是和史蒂文比较，所以觉得自己不如他。尽管克雷格的作业完成得不错，但是他的成绩没有办法像史蒂文那么优秀。

挑战：停止比较。

问自己

- 我在拿我自己和别人比较吗？
- 这种比较公平吗？对我有什么帮助吗？

反思

你是否有过和别人比较的经历？请写在下面：

3. 过滤

当我们使用过滤（filtering）的时候，我们在做两件事：首先，我们只关注了情况的消极的部分；其次，我们忽略或忽视了所有的积极的部分。

例子

里基英语作业中的一项任务是做一次陈述报告，并需要他的同学给予书面反馈。这些反馈大部分是正面的，只有两个是批评的。而里基只关注那两个批评的反馈，忽略了其他 25 个正面的反馈。

凯茜一直感到很抑郁，她发现自己总是回想起以前那些不开心 *16*
的事情。她总是回想起那些被丢下或被拒绝的时刻，而忽略那些经历过的正向的体验。

挑战：整体考虑。

问自己

- 我是否只看到了消极的一面，而忽略了积极的一面？
- 我忽略的积极信息是什么？

反思

你是否有过只关注消极信息而忽略所有积极信息（即过滤）的经历？
请写在下面：

4. 个人化

当我们个人化（personalising）的时候，我们会把事情和自己连在一起，即使那个情景和我们没有太大的关系。虽然不是我们的错，但是我们却觉得可能要为那些做错的事情负责，或者要为他人的情绪负责。

例子

戈登的朋友萨姆一晚上都很安静，戈登觉得一定是他说了什么或者做了什么让萨姆心情不好。事实上，萨姆不开心是因为知道了学期末他们家又要搬到城郊去，而他不想去那个地方。萨姆的行为和戈登说了什么或做了什么没有任何关系。

挑战：不要个人化——事情并不总是和你有关。

很多情况是复杂的，可能存在多个原因。不要自发地认为，事情是你的错或者是你的责任。

问自己

- 真的和我有关吗？可能有其他的解释吗？
- 是我的责任吗？

反思

你是否有过个人化的经历？请写在下面：

17

5. 读心术

当我们使用读心术(mind-reading)的时候,就是假设我们知道其他人在想什么。通常情况下,即使没有证据,我们还是会认为别人在批评我们、生我们的气或者对我们感到失望。这些假设经常是基于我们怎样看待自己,而不是别人实际告诉我们什么。

例子

科里比较在意在人们面前讲话。每当必须要在人群面前讲话的时候,他心里会想:"他们会认为我很无聊。他们能够看到我很紧张并认为我很奇怪。"(事实上,没有人这么想!)

当伊莱恩在去朋友家赴宴的路上迷路的时候,她感到尴尬和沮丧。她这样想道:"所有人都会觉得我这样迷路一定很傻,他们一定会因为等了我很久而生我的气。"(实际上,她的朋友们都在聊天,根本没有注意到她迟到了。)

挑战: 不要假设你知道别人在想什么。

问自己

- 我是怎么知道其他人在想什么的? 我有什么证据吗?
- 我能把我自己的想法或者情绪投射到其他人身上吗?

反思

你曾经用过读心术吗? 请写在下面:

6. 灾难化

当我们灾难化（catastrophising）的时候，我们会夸大事情变坏的消极结果，认为事情现在就是个大问题或者将会成为大问题。

例子

瑞安在一项评估中的成绩是 45%，对此他十分恐慌。他的自我对话是这样的："今年我通过不了了……我不能做任何我想做的事情了……我不会有未来了……最后只能领救济金了。"虽然这一评估结果是一个警示，但那一年瑞安通过了其他评估，总体来说做得还不错。

阿兰娜在周六的早上睡过了头，导致上班迟到。在路上，她一直在想："老板要对我发飙了……我可能要被解雇了……我不能再找到其他工作了……我会因为没有钱而不能出门，这样我的朋友也会抛弃我……"当她到了工作地点，马上向老板道歉。老板对此很关切，但并没有生气，也没有要解雇她的意思。

挑战：不要灾难化。

问自己

- 我的想法合理吗？我是不是灾难化了？
- 如果我更理智点或者更积极点的话，那么该怎样考虑目前的状况？

19

反思

你是否有过灾难化的经历？请写在下面：

 7. 过度泛化

当我们过度泛化（overgeneralising，也称为过度概括，或以偏概全）的时候，我们会夸大生活中那些负性事件（比如错误、不被认可和失败）的频率。通常我们会对自己说，"我老是犯错误"或者"我的生活一塌糊涂"。

例子

萨玛拉转学后花了很长时间才交到朋友，而她在之前的学校有不少朋友，因此她心里想："我永远都交不到朋友了。"

尼克学了几个月的萨克斯后放弃了，他感到非常失望。他心里这样想："每当我尝试新的东西时，从来没有成功过。"

挑战：要具体，不要过度泛化。 *20*

问自己

- 我在过度泛化吗？在任何情况下都是这样吗？
- 是否有可能在某些情况下，我告诉自己的事情是不适用的？

反思

你是否有过过度泛化的经历？请写在下面：

8. 后见之明

当我们回看所发生的事情时，有时候会意识到，如果我们当初不那么做，结果可能会更好，这叫作"后见之明"（hindsight vision）。其实不管怎么样，我们都没有办法在一开始就预测到一切情况。

例子

史蒂文在高中的最后一年选修了物理，结果证明这是个错误的决定。他发现物理非常难，最终在这个科目上花费了很多的时间，却牺牲了其他的科目。因此，他最后的分数并不像他想象的那么好。现在史蒂文总是怪自己选错，认为自己一开始应该更多地去了解这个科目。

希拉里因为在一次聚会上没能看好自己的包而不能原谅自己。她的包被偷了，因此很自责。她责备自己说："我太傻了，应该更小心点的。"因为这一后见之明，现在她发现了更好的方法（即总是随身携带着包），但是她当时没有意识到这一点。

21 **挑战：要有现实合理的期待。** 我们的知识和觉察能力都是有限的，无法预测一切情况并做好准备，但是我们可以吸取教训，以备将来之需。

问自己

- 我对自己的期待合理吗？提前预测每一个意外是可能的吗？
- 我可以不责怪自己而从这些经历中学习吗？

反思

你是否曾用后见之明的方式思考过？请写在下面：

 ## 9. 贴标签

贴标签（labelling）是指我们使用简单、负面的标签来总结我们自己或他人。我们并不批评具体的行为（比如，"那是一件说起来很蠢的事情"），而是简单、负面地概括我们自己或他人（比如，"我好蠢"，"我好丑"，"她好笨"，"他是个失败者"，"我是个失败者"，等等）。

例子

香农在一个朋友的家庭生日会上发现很多人都不认识。尽管她会和一些人聊聊天，但主要还是坐在沙发上不太讲话。她离开聚会的时候感觉情绪低落，觉得"我是个异类"。

米拉近来在工作上犯了些错误，已经感觉很糟糕了。之后她开着爸爸的车从停车位倒出来的时候，撞到了停车标志。于是她的想法变得特别消极，觉得"我没什么希望，也没什么用"，而这种想法让她感觉更差。

22 **挑战：人是复杂多面的，不要贴标签。**

问自己

- 用一个简单词语或者标签来总结整个人合理吗？
- 如果我某些事做不好，或者不喜欢自己的某些方面，是否就意味着我这个人整体都是不好的，或是没有价值的？这也适用于其他人吗？

反思

你是否有过贴标签的经历？请写在下面：

 10. "无法忍受"

有些人对他们不喜欢的事情会有很低的容忍度（即"无法忍受"，'can't stand-itis'）。他们不接受这样一个事实，即生活中有时会经历一些困难的或者不开心的事情，而去反对和抵制这些事情，结果让情况变得更糟。他们只认为他们受不了这样或那样的事情，而不是承认虽然有些事没有意思，但不会持续很久。当他们不能够改变现状的时候，他们会因愤怒、沮丧和苦恼而遭受更多的痛苦。

例子

无论何时，只要做不喜欢的事情，克雷格就会很不高兴。他不喜欢在排队时等待；也不喜欢做家务，如果他父母让他帮忙，他就会和父母吵架。如果他不得不参加一些类似婚礼之类的家庭活动，几周前就开始抱怨，当天还会不停地唠叨。这些事情大部分都不是那么糟糕，但因为让他感到有些死板和不太舒服，克雷格就觉得是非常可怕的事。

戴安娜很讨厌做她不喜欢做的事情。尽管她很聪明，但是她做事只有三分钟热度。她觉得课程很乏味，于是做作业时就会走捷径。当她不能理解某道数学题时，她也不愿意努力去搞清楚，而是一直抱怨那题有多无聊。这种态度不仅让她自己很不愉快，也让她周围的人很不愉快。

23

挑战：接受这样一个事实——我们不可能总是做让我们开心的、愉快的或者容易的事情。总有些事情是让人不愉快的，那是生活中正常的一部分。只是因为你不喜欢它，并不意味着你必须回避它。

问自己

- 我不喜欢，但我能忍吗？
- 真的有那么糟糕吗？还是我的想法让它变得更糟糕？

反思

你是否曾有过"无法忍受"的经历？请写在下面：

回看本章中的各种思维误区，哪些是你特别容易出现的？

当你意识到你的想法被这些方式所影响的时候，停下来去识别是哪一类的思维误区，然后努力找到一个更合理的思考角度。

简言之……

■ 思维误区是那些让我们感觉糟糕的、不合理的负性思维分类。

■ 常见的思维误区包括：非黑即白思维、比较、过滤、个人化、读心术、灾难化、过度泛化、后见之明、贴标签和"无法忍受"。

24

■ 当感到情绪不好或低落的时候，检查是否有这些思维误区会对我们有所帮助。意识到我们的思维是不合理的，这有助于让我们感觉更好。

第四章
"应该"的枷锁

从童年开始,我们就在理解我们的世界——什么是好的,什么是坏的,什么是我想要的,什么是我不想要的。那些来自于家庭、朋友、老师和媒体的信息告诉我们哪些东西是有价值的,而哪些不是。比如,在澳大利亚文化中,外向、聪明、长得好看、努力、擅长运动,这些通常被认为是受欢迎的特点。因为我们想被别人喜欢和接纳,所以我们会接受他人的价值和目标。我们给自己制定很多关于如何行为和如何表现的规则,于是我们的内心会形成很多"应该"(shoulds)。这一过程从我们小时候就开始了,通常我们并没有意识到。尽管我们可能没有意识到这些"应该",但我们可能会意识到那些因为不能够做到"应该"而带来的痛苦。

有时我们把那些施加在我们身上的规则叫作"'应该'的枷锁"(the tyranny of the 'shoulds'),因为我们会被它们所压制,就像我们内心被一位严厉的独裁者所统治一样。尽管有目标和抱负是有益的,但是对自己或他人持有过高的或刻板的期待通常是没有帮助的。当我们无法做到"应该",或者完成的代价非常巨大的时候,"应该"会让我们陷入困境。这些代价可能包括情绪上的痛苦,或缺乏快乐的、不平衡的生活方式。在我们追求"应该"的过程中,我们可能会得到一部分东西,但也会失去另一部分东西。良性思维需要具备灵活的视角。一方面,我们要努力去达成某些目标;另一方面,当某些事情无法完成的时候,我们要能够适 26 应,并设置新的目标。

　　蒂姆承认自己是一个完美主义者。如果一项评估的得分达不到90％，他就会感到难过。如果犯了一个错，他就会为此纠结很多天，认为自己很笨，而且是个失败者。当他得高分的时候，他会开心一会儿，但从来不会持续很久。蒂姆通常不敢去尝试新事物，因为他担心自己可能会做得不完美。他有一个喜欢了很久的女孩，叫作丽贝卡。某天晚上，丽贝卡给他打电话，邀请他周末一起去室内攀岩。结果他一放下电话就害怕起来。蒂姆之前玩过室内攀岩并发现它确实很难，他思忖道："到时我看上去很笨，丽贝卡会因此不再约我出去的。"他也担心可能想不到什么有趣的话题要讲，会让丽贝卡认为他很无聊。随着他的焦虑增加，他对整件事都感到不对劲，最后给丽贝卡打电话说他不去了。

　　事实上，蒂姆的攀岩技术和沟通技术并不是问题所在，而他僵化的思维才是。蒂姆认为："我应该把每件事都做得完美。如果我做不到，就说明我不行。"这种思维能够促使他在大多数事情上非常努力，但在有些情况下，并不一定有帮助。

　　首先，因为他总是挑剔，要求自己做得更好，所以很难会因成功而感到满足。第二，只要没有达到自己的期望，他就会感到无能和垂头丧气。第三，因为他不允许自己犯错和不完美，所以大部分时间都会感到焦虑。有时他的焦虑会影响他的注意力，这让他更难达到他所看重的高分。第四，因为他认为失败的结果是灾难性的，所以对冒险非常谨慎。这也是他拒绝丽贝卡攀岩活动邀请的原因。最后，在社交场合下，蒂姆太注重给人留下好印象。当他的朋友邀请他在自己的18岁生日宴会上讲一段话的时候，他不是一般地紧张，而是怕得连话都讲不出来了。他很不喜欢这样的感觉，但是他并没有意识到，不管是在学校还是在社交生活中，他自己的这些不现实的期望（"应该"）都在压制他，使其退缩。

27

变得更加灵活

僵化而不灵活的信念（"应该"）更有可能让我们感到焦虑、挫折、无能、悲伤或愤怒，尤其当我们不能达到预期的时候。比如，如果你认为"应该"在所有的作业中都要表现得优秀，但是在一次特别的评估中成绩一般，那么你最终会感到沮丧、低落。如果你认为"应该"总是表现得自信和放松，但是在一次特别的社交场合中却感到害羞和不自在，那么结果你会倍感无力，因为你认为自己不应该那样。一旦我们认为事情"应该"是某种样子的，或者我们"必须"完成某些事情，我们就将自己置身于巨大的压力下，并增加了体会糟糕情绪的可能性。有时这会削弱我们的表现，让我们更难得到我们想要的东西。

从心理角度而言，健康的思维需要灵活性。尽管很多事情对我们很重要，但是我们并不必用一种绝对的方式来看待它们。比如，像"我想对别人表示友好和提供支持"的自我对话是灵活的，而"我必须总是对那些需要帮助的人提供支持"就不是灵活的；"对我来说，在学校的评估中表现好是重要的"这种信念是灵活的，而"我必须在所有的评估中都拿到最高分"则不是灵活的；"当问题来的时候，会有一些解决方法"的信念是灵活的，而"每一个问题都有唯一正确的解决方案"就不是灵活的；"和朋友一起出去，我更喜欢自己看上去状态不错"这一想法是灵活的，而"我必须总是看上去很完美"就不是灵活的。

当然，学习变得灵活并不意味着我们应该放弃我们的价值和那些对我们重要的事情。实际上，确认那些对你重要的事情（而且在你控制之中）并且去实现它们通常是有益的。但是，接受以下情况也是有益的，即存在着按照我们想要的方式没有办法完成的事情，并且如果必须的话，最终我们会作出调整。

28 🔹 **常见的"应该"**

看一下下面常见的"应该"，在与你相符的条目上打钩。

☐ 我应该被每一个人喜欢和认可。

☐ 我应该在我做的事情上总是成功的。

☐ 我应该总是做得完美。

☐ 我应该是苗条的/健硕的/性感的等。

☐ 我应该总是看上去状态不错。

☐ 我应该跟任何其他人一样（我不应该与众不同）。

☐ 我应该自信、外向、健谈。

☐ 我应该清楚我的未来规划，知道我未来的方向。

☐ 我应该总是在正确的时间说正确的话。

☐ 我应该总是能够满足他人的期待。

☐ 我应该总是去做别人想要我做的事情。

☐ 我应该总是冷静、不失控的。

☐ 我应该总是开心的。

☐ 我应该永远都不犯错。

☐ 我应该总是给人好印象。

☐ 我应该总是先人后己。

☐ 我应该永远不说任何让别人感到不舒服的话。

☐ 我应该总是做正确的决定。

☐ 如果可能有坏事发生，我应该现在就开始担心。

你能想到其他和你相关的"应该"吗？

把"应该"转换为"倾向"（preferences）

"应该"的问题在于它太不灵活了。要求或希望事情成为某种样子并为之努力不是问题,但是当我们认为事情必须是某种样子的时候,我们容易产生不愉快的情绪,比如受伤、焦虑、愤怒或者绝望。意识到我们内在的"应该",并形成更灵活的思维方式(从规则到倾向),会改善我们处理困境的能力,而不必使情绪变得过于糟糕。

例子

- 弗兰克没有被他最期待的第一志愿专业所录取。
- 厄休拉和一群她不太熟悉的人出去玩,整晚都没怎么说话。
- 希琳娜没有带任何人去她的年终舞会。
- 有个女孩对萨姆的新发型作出了负面评价。

在上述例子中,这些人会根据他们不同的思维方式而产生不同的反应。让我们看看他们的"应该"和相应的更灵活的选择。

弗兰克:"我进不了我想要的大学专业了。"

弗兰克的"应该":我应该总是成功的,我应该总能达到我为自己设定的目标,我应该总能满足父母和老师对我的高期待。如果我做不到,我就不够优秀。

把弗兰克的"应该"转换为"倾向":我想完成所有我为自己设定的目标,但这并非都是可能的。有时候无论我怎么努力,结果却并不是我想要的样子。这令人失望,但还是有其他专业可以选择,我可以选择其他职业方向。

厄休拉:"我是个害羞的人,和不熟悉的人在一起不知道该说什么。"

厄休拉的"应该"：我应该总是外向的，并且有很多话可以说。

把厄休拉的"应该"转换为"倾向"：我希望自己更外向，但这不是我的个性。了解别人并和他们舒服地相处，对我来说需要花些时间。一旦彼此了解，我就会放松下来并且可以说很多话，但这对我来说需要比别人花更多的时间。即使我很害羞，我还是有朋友，能与他人相处的。

希琳娜："我找不到人陪我去舞会。"

希琳娜的"应该"：我应该至少有个男性朋友可以陪我去舞会。因为没有，所以说明我有问题，别人一定会觉得我很失败。

把希琳娜的"应该"转换为"倾向"：我想带一个人去舞会，但是没有的话也并不意味着天塌下来了。同年级像我这样的人还有一大把，也没见谁瞧不起他们。我可以参加，也会玩得很开心，最终这都取决于我。

31 萨姆："有个女孩说我的新发型不好看。"

萨姆的"应该"：人们应该认可我的外貌，如果有人批评我的发型，说明我的外貌不行。

把萨姆的"应该"转换为"倾向"：我希望别人喜欢我的样子，但是如果不喜欢，我也没办法。每个人都有不同的审美观，如果有些人对我的发型很在意，那可能说明他们太肤浅了。如果他们不在意，那我就更不需要担心什么了。

 "别人应该……"

除了我们对自己所坚持的"应该"外，我们还有些对他人如何行为的要求。检查下列的"应该"是否和你有关，在与你相符的条目上打钩。

□ 人们应该总是诚实和可靠的。

□ 人们应该总是会考虑我的感受。

□ 人们应该与我的意见、观点和价值观一致。

□ 人们应该举止得体并且做我认为正确的事情。

□ 世界应该是公平的,并且我应该被公平对待。

或许在一个理想世界,别人总是会做正确的事,但是我们并不是生活在理想世界中。现实情况是,别人总是让我们失望,或者做我们认为错误的或不公平的事情。我们的期待越高(即我们的"应该"越僵化),当事情发生时,我们就会越愤怒或者越失望。当人们没能达到我们的要求时,失望和生气是合理的,这有时也有助于我们和他们进行讨论或采取其他行动。在某些情况下,结束关系也是必要的。但是,如果我们固执地坚持"他们应该总是做正确的事"这一信念,我们可能会长时间地感到愤怒或怨恨。这会浪费我们的能量,并使我们从其他更重要的事情上分心,也可能会让我们说出或做出之后会后悔的事情。(更多内容详见第六章"愤怒"。)

我真的想要放下那些"应该"吗?

尽管人们意识到他们的"应该"不合理并让他们感到不适,但他们依然不愿意放下。很多人认为,要想得到想要的,一定要对自己苛刻。他们担心如果变得灵活就会不够在乎,放弃对目标的追求。问题是,事情通常不是那样的。我们的许多"应该"超出了我们的控制,因为达不到目标而感到能力不足并不能改善任何事情。你想变得苗条、漂亮、自信、受欢迎、冷静、聪明、外向、成绩优秀,但相信"应该"如此并不会使之实现。

32

即使你能对某些事情施加"某些"控制，比如努力学习去获得高分，你也不能"完全"控制。在对你而言重要的事情上投入精力和做好准备是有价值的，而具有灵活的思维能让你在不能达到理想结果时后退一步。不原谅自己从长远来看并没有助益。

坚持僵化的"应该"也会让你很少有时间去做生活中其他重要的事情（比如，和朋友联系、锻炼、阅读、发展兴趣等）。僵化的代价可能包括不健康的生活方式、不幸福、社会隔离和无法完成其他目标。（还记得前文中的蒂姆吗？他不合理的期待让他感到无力，以至于对他享受良好人际关系的能力造成了影响）。无论如何，在你追求你的目标和梦想的同时，也要确保兼顾好其他的需要（详见第十四章"自我照顾"），并且能够灵活地思考。

³³ **反思**

你能想到过去一周让你感觉不适的"应该"吗？

选择一个你想要处理的"应该"：

列出坚持这一"应该"的好处：

列出坚持这一"应该"的坏处：

如果你想将这个"应该"转变为"倾向"，你会对自己说什么？

变得灵活会怎样影响你的感受方式？

你能想到自己对别人所坚持的"应该"吗？

那些"应该"有什么益处吗？具有更加灵活的期待会有什么好处吗？

现在你了解了"应该"的特点，是时候开始确认和挑战你日常生活中³⁴它们了。为了帮助你，下面提供了改进版的 ABC 压力日志，其中增加了特别的提示，以帮助你识别任何潜在的"应该"。

练习

想一个最近让你感到糟糕或不快的情景，填在下面的压力日志里，要包括任何你能确认的"应该"。

压力日志

激发事件

信念／想法
应该

结果
我的感受如何？
我做了什么？

 简言之……

- ■ "应该"是我们坚持的僵化、不灵活的信念（规则），是对我们自身和他人的要求。"应该"的枷锁是指由于坚持这些信念而体验到的令人不快的情绪。
- ■ 因为我们周围的环境并不总是按照我们期待的样子发展，所以"应该"会让我们感觉不好。
- ■ 在很多情况下，我们可以通过学习更加灵活的思维方式避免糟糕的情绪。这意味着，虽然我们想要或喜欢某种方式，但我们也能够接受情况并不总是如我们所愿。

第五章
挑战负性思维

负性自我对话的最大问题之一是它总让人感觉是真的。尽管我们的想法经常是偏颇、误导或者不正确的，但我们还是把它们看成是事实。实际上，它们只是我们自己的感知而已。我们的想法经常会被歪曲成负性的，甚至是完全错误的，因此，对这些想法保持警觉并偶尔加以质疑是很重要的。

我们的想法可以被检验，可以被挑战，也可以被改变。我们可以通过识别无益的想法并且有意识地纠正它们，来调整想法中负面的部分。

> 尽管我们不能总是控制周遭的环境，
>
> 但是我们可以改变我们看待它的方式。

接下来是 ABC 模型的下一阶段，在这个模型中，A 代表"激发事件"，B 代表"信念/想法"，C 代表"结果"。

D 是指"质疑"

"质疑"（dispute）是指挑战想法中的负面部分。通过用更理性和平衡的方式看待事物，我们会感觉更好，而且这会促使我们以更有建设性的、与自身目标相一致的方式行动。

36　　　每当你注意到自己变得低落、愤怒、焦虑或者难过时，就把这些情绪作为停下来去观察你的想法的信号。

质疑式问题

当我们陷入负性思维的时候，对自己提出质疑式问题（challenging questions）是有帮助的。质疑能够让我们检视我们的想法是否合理，同时帮助我们找到其他的感知周围环境的方式。质疑式问题主要分为以下三个方面：

1. 现实检验；
2. 寻找替代性解释；
3. 合理看待。

1. 现实检验

现实检验是指寻找证据，而不只是依据直觉来判断你的想法是否正确。

质疑式问题

- 有什么证据支持我的想法吗？
- 有什么证据不支持我的想法吗？
- 我的想法是事实，还是只是我自己的解释？
- 我是否草率地得出了负面的结论？
- 我该如何澄清我的想法是不是真的？

　　简的妈妈这几天一直都没怎么讲话，对简不闻不问的。简觉得妈妈是因为她的事情而感到生气、失望，所以她感到非常难过。简的想法包括："她（妈妈）正在生我的气……她不想我在旁边……我是个负担。"结果，简这几天的情绪很低落。

最终，简开始质疑自己是否草率地得出了负面的结论，因此，她决定 37
问自己以下质疑性问题：

有什么证据支持我的想法吗？

妈妈这几天一直都没怎么讲话，对我不闻不问的。

有什么证据不支持我的想法吗？

妈妈还是一直给我做饭，带我去健身房。她希望我在游泳测试中取得好成绩。

我的想法是事实，还是只是我自己的解释？

它们是我自己的解释，不是事实。

我是否草率地得出了负面的结论？

可能是的。

我该如何澄清我的想法是不是真的？

我需要和妈妈谈谈，看看到底怎么了。

　　当天下午，简问她妈妈是否是因为她而感到生气、失望。结果发生了什么？妈妈向简道歉了！她告诉简近来工作上遇到很多困难（公司里一直都在传言要裁员），她觉得压力很大。她说她一直都陷在自己的问题之中，却没意识到自己这几天来有多么封闭。对此，她真的很抱歉。

通过检验想法是否正确（包括和她妈妈的讨论），简能够意识到她草率地得出了负面的结论，事实和她感知到的并不一样。

  ## 2. 寻找替代性解释

这是指探索对目前状况的其他解释。

质疑式问题

- 还有其他看待目前状况的方式吗？这还意味着什么？
- 如果我的朋友面对这种状况，我会对其怎么说？
- 如果我是个非常积极的人，我会怎么想？

卢卡斯的数学没及格，他的自我对话是："我很笨"，"我是个失败者"，"我不够聪明，不配待在这个班里"。卢卡斯的情绪很低落，想要退学。当他意识到他的想法让事情变得更糟的时候，他决定对目前的状况寻找其他的解释。

还有其他看待目前状况的方式吗？这还意味着什么？

我不笨，也不是个失败者，但是这次数学考试确实考得不好。因为数学本来就不是我的强项，而且我准备得也不充分。

如果我的朋友面对这种状况，我会对其怎么说？

我会提醒他，即使数学考得不太好，也并不意味着他很笨或者是个失败者。你不能仅凭一次考试结果或者某一科目成绩来评判一个人的智商。

如果我是个非常积极的人，我会怎么想？

我会认识到，我的英语、历史和艺术一直都不错，这显然说明我不笨。虽然其他科目我更为擅长，但是如果我在数学作业上投入更多精力，下次会考出好成绩的。

3. 合理看待

这是指"去灾难化"（de-catastrophising），也就是说认识到我们目前的状况并不像想象的那么差。

当我们感到焦虑、低落和压力重重的时候，我们经常预期最坏的事情会发生，并且自动关注当下状况中最糟糕的部分。当这种情况发生的时候，我们需提醒自己，是当下的情绪让我们只看到最坏的部分。

质疑式问题

- 这状况真像我认为的那样糟糕吗？
- 这种状况下有好的一面吗？
- 最差的情况是什么？发生的概率有多大？
- 最好的情况是什么？
- 最可能发生的事情是什么？

阿曼达很容易作出灾难化思考。当事情变糟糕的时候，她的反应是好像面对的不是困扰或不便，而是一场灾难。当阿曼达体重增加了 2 公斤的时候，她马上觉得要变胖变丑，而且没有人会想见她。当她在一场网球比赛中没发挥好的时候，她担心会被球队除名。当她和最好的朋友争论的时候，她就认为她们的友情结束了。

阿曼达知道问题的部分根源在于她自己的想法，她意识到："我现在陷入了一种对每件事都关注的状态，而且总是往最坏的方面想。"

最近，有人在 Instagram 上把阿曼达和朋友聚会的照片贴了出来。阿曼达发现她的裙子卷到上面，内裤都露了出来。她一下子激动起来："天哪！太尴尬了！全世界的人都看到了！"

40

在害怕了几个小时后，阿曼达决定要理性地问自己几个问题：

这状况真像我认为的那样糟糕吗？

好像确实很糟糕。

这种状况下有好的一面吗？

聚会的照片中有很多出糗的人，可能没有人会把我当成特别的人来关注。

最差的情况是什么？

看到的人会觉得我很傻，会影响我的声誉。

最好的情况是什么？

没有人会注意，如果注意也不会在意。

最可能发生的事情是什么？

有些人会注意到，但他们可能也不会抓着不放；有些人可能觉得挺好笑；可能这事很快就被人忘了。

使用压力日志进行质疑

在之前的章节里，我们使用压力日志来强调 A（激发事件）、B（信念/想法）和 C（结果）之间的联系，这可以帮助我们观察自己在压力下如何反应。现在我们到了最重要的部分：D（质疑）。当我们质疑的时候，我们会发现存在的思维误区（见第三章），并且提出针对当下状况更合理的思维方式。上述质疑式问题可以引导我们提出替代性的思维方式。

E 是指"有效行动"

除了改变我们的想法外,有时我们也需要通过寻找解决之道来改善所处的环境。有效行动(effective action)是指问题解决,可能包括:在网上寻找更多的信息,选择周末在家完成逾期的作业,为说了伤人的话而道歉,或者为减压而向学校辅导员寻求帮助。有时你也许能彻底解决一个问题,而有时可能只是让情况有一定程度的改变。

当然,并不是所有的行动都是有效的,有时候你会发现自己的行动是无效的。比如,为了快速减肥而节食,因为作业太难而躲到网络聊天室消磨时间,为了改善情绪而吃一大桶冰激凌,拒绝和关心你的朋友谈论所遇到的问题,这些都是无效行动的例子。

在下面的例子里,我们再次使用第三章的案例来学习怎样使用压力日志质疑我们的想法,同时增加"E",即有效行动的部分。

压力日志：里基

激发事件	英语课上我要做一次陈述报告,班级大多数同学的反馈都不错,但有两位同学提出了批评。
信念／想法 应该	我不行,把事情搞砸了,他们并不喜欢我做的东西。 我应该得到百分百的认可才行。
结果 我的感受如何? 我做了什么?	抑郁、焦虑。 一直在想这件事,没法去做其他事情。
质疑 思维误区 替代性的、更平衡的 观点	过滤、非黑即白思维。 期待每个人都有相同的意见是不现实的。 大部分评价是积极的,你不可能总是让每个人都满意。有些批评实际上是很有意义的。
有效行动	再审视那些批评,看看是否可以从中有所学习。

压力日志：香农

激发事件	生日会上有很多人我都不认识，我只能坐在沙发上不太讲话。
信念／想法 应该	别人都彼此谈得来，玩得很开心，而我不是。我不适合这种场合，一定是我有问题。他们一定觉得我是个失败者。 只要在社交场合，我就应该一直和别人讲话。
结果 我的感受如何？ 我做了什么？	感到尴尬、自我怀疑、焦虑。 找个借口提前回家。
质疑 思维误区 替代性的、更平衡的观点	贴标签、读心术、个人化、比较。 一个熟人比较少的社交场合，对大多数人来说都是很难的。不太和人讲话不代表我不行。还是有人会了解和喜欢我。 我并不知道别人是否都玩得挺开心，也不知道是否有人对我印象不好。可能也没有人注意或在乎这件事。
有效行动	下次在这种场合，我会努力去认识朋友。我也会让主人帮忙，介绍我与其他客人认识。

43   **压力日志：希拉里**

激发事件	聚会上不小心把手提包落下，结果包被偷了。
信念／想法 应该	太蠢了！这是我的错，我真是没希望了。 我应该更小心些。 我应该一直警惕可能发生的问题以确保我能够提前预防。
结果 我的感受如何？ 我做了什么？	对自己感到愤怒，懊丧。 反复想这件事并且一直责备自己。
质疑 思维误区 替代性的、更平衡的观点	标签化、后见之明。 我希望自己能够考虑到潜在的风险并且采取防范措施，但是我不可能一直关注这些。我可以从这次经历中汲取教训，将来更加小心。每个人都会犯错的。 我改变不了过去，责备自己也于事无补。
有效行动	在今后类似的情况下，我要更小心我的包。

压力日志：佐兰

激发事件	乐队第一次在当地的乐队比赛中进行现场表演,有些观众只是在那里聊天,而并没有关注我们的表演。
信念／想法 应该	真是场灾难,没有人在听,我们演砸了。 人们应该关注我们的表演,并表示赞赏。
结果 我的感受如何? 我做了什么?	感到受伤、尴尬和心烦。 结束后直接回家,不和任何人讲话。
质疑 思维误区 替代性的、更平衡的观点	非黑即白思维、灾难化、过度泛化、个人化。 虽然很多人没在听,但还是有些人在听,有些人甚至跟着音乐跳起舞来。 仅凭观众在我们演出时聊天并不意味着我们表演得不好。他们的谈话可能和我们没有关系。这本来也不是一个安安静静坐下来听音乐的场合,厅里太吵了。也没有证据表明我们演砸了,或观众觉得我们不行,那只是我自己的想法。
有效行动	抓住每一次演出的机会。 即使有人在谈话,也要放松下来并更加聚焦在音乐表演上。

44

 抓住它,检视它,纠正它

日常生活中质疑想法的一种简单方法是使用 3Cs(即 catch、check、correct)。

1. 抓住(catch)想法,注意你当下正在想什么。
2. 检视(check)想法,问自己:"我的想法是完全合理的吗? 我是不是有些消极,或者有什么思维误区?"
3. 纠正(correct)想法,回到更合理和平衡的视角。

这很简单吧!

3Cs 技术的好处是你可以在任何时间、任何场合运用它,因为整个过程都是在你的大脑中操作完成的。在不太复杂和容易质疑的情况下，它是一种完美的工具。只要你体验到让人心烦的情绪（比如愤怒、挫折、内疚、焦虑或者忧郁），就可以将这些情绪作为运用 3Cs 技术的提示。

对于那些很难质疑的情况，压力日志通常更有效，因为写下来有助于更加深入地加以处理。不管怎样，只要一出现状况，你就使用 3Cs 技术，然后当你有时间的时候把它写下来，使用压力日志来强化这种质疑。

45

但是真的要改变吗？

你是否曾注意到，当你感到不快的时候，一部分的你其实想待在这种情绪里？比如，你可能对你的朋友感到生气，而一部分的你就是想要生气；或者你可能因为自己做的事情感到内疚，而一部分的你就是想要惩罚你自己；或者你可能执着于自己不能控制的问题，即使知道那没有意义，而一部分的你就是要想着它；或者你可能明知你的行为对自己和你爱的人不好，即使你觉得自己没有道理，而一部分的你就是想要继续那种行为。其实有这种复杂的情绪很正常，一部分的你想要改变，而另一部分的你想要待在那种让人不舒服的情绪之中。

实际上有很多的心理因素会驱使我们负面地思考和行动。有时候我们大脑的"原始"部分想要体验令人不舒服的情绪，因为这些情绪是有用的。（记住，焦虑会让你更努力，愤怒会让你敢于面对恶行并伸张正义，恐惧会让你逃脱危险，等等。）问题是，尽管负面的情绪有时是有帮助的，但随着时间推移，它们的作用是相反的。大多数时候，它们使我们感觉糟糕。这些负面情绪对我们的想法和行为所产生的效应会在我们的学习、友谊和家庭生活中制造问题。因此，如果你发现自己有这种"复杂感受"，即你一方面想维持负面情绪，一方面又想去除负面情绪，那就要思考这种情绪是在帮助你还是在阻碍你。

对此,你可以问自己:

这种思维或行动的方式有助于我达成目标吗?

比如,你目前的想法和情绪会帮助你和他人建立良好的关系吗? 或者改善你在学校的专注度吗? 或者让你感到放松和快乐吗? 或者让你变得健康和有活力吗? 如果你的情绪或行为让你远离你想要的,那它们是不是自我击败的? 你越能够意识到当前想法、情绪和行为的无益性,就会越愿意去改变思维。更多的自我觉察(self-awareness)会让你再次把注意力聚集在真正重要的事情上,并去实现你的目标。

46

自从三年前莱昂的父母离婚后,莱昂就一直对周围有种愤怒的情绪。他不再和父母沟通,大部分时间都把自己一个人锁在房间里。莱昂对有些老师也变得很无礼,有时还带有攻击性,甚至会对朋友莫名地发火。结果,他发现自己离周围的人越来越远,这使他越来越关注自己的问题,情绪也越来越糟。

当辅导员问莱昂几个关键问题后,莱昂开始意识到他的思维是问题的一部分。他的辅导员问他最在乎的是什么,莱昂想了想,说了三件事:"我想要身体健康;我想让自己感觉没那么难受;我想保持头脑清醒,这样才能顺利完成 12 年级的学业。"辅导员接着问:"如果你继续做你正在做的事情,会帮助你达成目标吗?"

莱昂开始意识到责备其他人和对这个世界感到愤怒并不会使他得到他想要的,相反只会让他感到孤独、疏离和抑郁,并且影响他的睡眠、活力和注意力。这种觉察使得他更要为自己的愤怒负责,同时质疑自己思维中的负面部分。他开始努力控制他的脾气,对自己家人、老师和朋友的态度也变得和气了。

🔷 问题解决

有些困难是超出我们的控制的，我们也没有办法去改变，但有些情况可以通过问题解决的方式进行改善。如果你可以做些事情改善现状，那么探寻解决之道总是很有价值的。比如，尽管莱昂没有办法阻止父母离婚，但他可以努力和家庭成员沟通，而不是把他们拒之门外。他也可以不再封闭自己，花更多的时间和朋友相处。尽管这些行动并不会让他父母复合，但会改善他的情绪，让他自己好受些。（更多内容可见第十一章"问题解决"。）

47

🔷 简言之……

■ 尽管我们不是总能控制现状，但我们可以通过质疑思维的负面部分来调整我们对现状的情绪反应。
■ 有许多质疑负面思维的方式。质疑式问题促使我们进行现实检验、寻找替代性解释和合理看待，会帮助我们用不同的方式看待现状。（详见下面的"质疑式问题总结"。）
■ 有时候我们发现自己想待在那种负性的情绪里，在这种情况下，问自己"这种思维或行动的方式有助于我达成目标吗"通常是有益的。

🔷 质疑式问题总结

1. 现实检验

• 支持和反对我想法的证据是什么？

- 我的想法是事实,还是只是我自己的解释?
- 我是否草率地得出了负面的结论?
- 我该如何澄清我的想法是不是真的?

2. 寻找替代性解释

- 还有其他看待目前状况的方式吗? 这还意味着什么?
- 如果我的朋友面对这种状况,我会对其怎么说?
- 如果我是个非常积极的人,我会怎么想?

48

3. 合理看待

- 这状况真像我认为的那样糟糕吗?
- 这种状况下有好的一面吗?
- 最差的情况是什么? 发生的概率有多大?
- 最好的情况是什么?
- 最可能发生的事情是什么?

49   愤怒(anger)是一种我们认为某事不该如此或者不够公平时的情绪反应。我们常常会对他人感到愤怒,比如父母、老师、朋友甚至自己。当愤怒让我们聚焦于不公之事(往往是我们自己认为)的时候,其背后是一种受到威胁或感到脆弱的感受。这意味着我们感到受伤和不安。

    读下面的例子,看看你是否能够在每个例子里意识到脆弱。

- 塞拉对苏茜感到愤怒,因为苏茜是她最好的朋友,但在她需要支持的时候却不在身旁。

- 马洛对他继母感到愤怒和怨恨。尽管他的继母对他不错,但他一直怨她介入父亲的生活,导致自己的家庭分裂。于是他通过冷漠和沉默来惩罚他的父亲和继母。

- 格斯因为感觉父母更爱他弟弟而生气。

- 西蒙娜的朋友把西蒙娜的秘密泄露了出去,西蒙娜感到愤怒,因为朋友说好会保密的。

50
- 欧文的弟弟淘气且难以捉摸,欧文却不得不照看他,因此十分愤怒。昨天,欧文带弟弟去看足球赛,弟弟把他的手机从看台上扔出去,结果把手机屏幕摔坏了。

- 桑杰伊被诬告抄了同学的论文,他非常愤怒——他从来没有做过那样的事。

- 伊桑因为等一个总迟到的朋友一个多小时而感到愤怒。

- 莉娜因为父母对她太严格,不让她和朋友在周六晚上出门而感到愤怒。

 ## 正常的情绪

像其他情绪一样,愤怒有时是恰当且有益的。愤怒会促使我们行动,给我们力量和勇气去解决不公平问题。愤怒会在你发现某些不公平的事情时,促使你去和某人对质和沟通,或者采取进一步措施。它也会让你感觉有力量去克服脆弱和恐惧。因此,有时我们想要愤怒的感觉并保持它。

但是,如果愤怒太强烈、太频繁,或者如果让你以一种自我击败的方式行动,就会产生问题。比如,愤怒可能会让你和朋友发生争执,远离老师和同学,或者和你的父母产生冲突。它会让沟通变得困难,降低共同尝试处理分歧的意愿。它也会让你想得太多,浪费时间和精力在不值得重视的事情上。

 ## 愤怒的影响

愤怒会在躯体、想法和行为三个层面影响我们。

躯体
愤怒会导致强烈的身体反应。当我们愤怒的时候,我们的心跳剧烈而快速,脸红发热,呼吸浅而急促,肌肉紧绷。这些及其他躯体变化是人在感知到威胁(即认为我们是不安全的)时,对环境的原始的本能反应。因为它为我们提供了额外的能量来准备战斗或者逃脱,所以称之为"战

51

或逃"反应（'fight-or-flight' response）。在石器时代，我们的祖先在面对捕食者的时候，这种反应所产生的瞬间飙升的能量可以帮助他们活下来（也参见第七章"焦虑"）。但是对于今天的我们而言，除非真的需要和某人打一架或者快速逃跑，否则，这些躯体反应只会让我们感觉不舒服，除此之外不会有任何好处。

想法

愤怒会干扰我们正常的思维过程。它会破坏我们的注意力并将其转移到不公平（我们认为）的事情上。有时即使我们什么都做不了，还是会花费很长时间在脑子里思考这些事情。这通常是很浪费时间的，尤其在我们需要关注其他更有价值的事情时。

行为

愤怒经常影响我们的行为，因而造成很多问题。在愤怒的状态下，你可能会争执、吼叫、退缩、指责或者封闭自己。你也可能更加冲动，说出或做出事后后悔的事情。在极端情况下，愤怒可能会导致肢体冲突和财产损失。

愤怒还会导致关系紧张，可能会伤害你在乎的人。如果你总是一副怒气冲冲的模样，就会让你周围的人小心翼翼，甚至远远地躲开你。人们会因为愤怒的互动而进入自我保护的模式，使得沟通受阻并让彼此都进入防御状态。当人们感到威胁时，沟通就变得困难或被切断，这会导致关系紧张，无助于问题解决。

有些人会使用"被动攻击"（passive-aggressive）的方式表达愤怒。这意味着他们会使用沉默和退缩来惩罚别人。青少年会在感觉无力的情 *52* 形下，通过被动攻击的方式对待成人以保持某种力量感。比如，他们可能把自己关在屋里,当父母想要和他交流时,就只回个只言片语。尽管没有喊叫也没有砸门,但这种被动攻击的行为依然对别人释放出"你生气了"这样一个强烈的信号。

短暂的愤怒对比长期的愤怒

有些人像"热反应堆",尤其是在压力和疲劳状态下,很容易失控。尽管他们可能在一两个小时内恢复,但即使在这样短的时间里也可能会造成很大的伤害。发脾气可能会破坏友谊,被球队开除,树立敌人或者失去别人对你的尊重。短暂的愤怒很难控制,同时也会让你陷入各种麻烦。

但有些人的愤怒会持续很多天,很多周,甚至很多年。他们反复纠结于那些不公平的事情并难以放下,他们的内心被愤怒占据,他们的能量被愤怒消耗。这种长期的愤怒会随着时间推移而不断地吞噬着你,影响着你的心理和身体的健康。

尽管短暂的愤怒和长期的愤怒都会产生很多问题,但处理它们的方式不太一样。

处理短暂愤怒的策略

"呼吸—离开—运动"技术

如果你是一个"热反应堆",抑制反应是有用的策略。首先识别那些预示愤怒开始的身体感觉,可能包括脸红发热、心跳急促、牙关紧咬或者双手颤抖。只要你注意到这些信号,就把它们当作需要停下来想一想的线索,开始实施"呼吸—离开—运动"技术。

第一步: 缓慢地深呼吸,引导你的每次呼吸进入肺的底部,这会帮 *53*

助你降低唤起水平（即身体的活跃反应），并且将你的注意放到身体上。

第二步： 即使时间不长，也要离开让你愤怒的场景。这会保护你，不让你去说和做那些事后可能会后悔的事情，并且给你一个冷静的机会。

第三步： 让你的身体运动起来，做些身体锻炼！比如，散步或慢跑、去健身房、骑车、随着音乐跳舞或者打沙袋。如果别无选择，你也可以上下跑楼梯，关键就是要燃尽你的能量。当愤怒非常强烈的时候，锻炼是控制它最有力的方式。

一旦感觉冷静下来了，你就可以决定接下来要做什么。或许你可能意识到那些让你生气的事情，不论是什么都没那么重要。或许你可能会选择更加具有建设性而非破坏性的方式来处理那些不公的遭遇。不管怎样，在冷静且理性思考的状况下决定如何做，而不是带着怒火去决定，不是更好吗？

处理不公

愤怒可能是别人做了对你而言不对的事情时的信号。一旦你的愤怒冷却下来，你可能就会觉得这种情况根本不值得发这样大的火。但是，如果你认为这的确是你在乎的事情，那么你需要问自己：你能为此做些什么？有时候，你可以通过采取有效的行动来解决那些对你的不公。

请看下面的例子，针对每一个例子，你觉得可以采取什么行动，可能有助于解决不公或者使现状有所改善。

54　　1. 罗恩因为他的朋友总是借钱忘还而感到愤怒。

2. 卡伦因为在小组作业中总是承担大部分的工作而感到愤怒。

3. 科恩因为交了论文却被老师说没交而感到愤怒。

4. 凯莉对伊莎贝拉感到很愤怒，因为当她同伊莎贝拉及其朋友一起出去玩的时候，伊莎贝拉一直在和别人聊天，完全忽略了她。

在上面的每一个例子中，沟通至少是解决方法之一，通常也可在处理不公问题时所使用。当我们感到愤怒时，不管对方是使你生气的人还是你的上司，与其进行口头的或书面的沟通是通常采用的方式。

但不论如何，我们不能完全控制其他人的行为，即使是好的沟通也不一定能解决不公。我们都会面对错误或不公平的情况，却无法加以解决。（或者即使我们尝试，解决的概率也很低，而且无论在时间、精力还是重要性上都不值得。）尤其当那些不公平的事情让人感觉就是错误的时候，接纳它们是很不容易的。但是如果我们必须在长期愤怒和伴随接纳的短暂愤怒之间进行选择，你会选择哪一个？

55

管理长期愤怒的策略

给自己一段"忍耐期"

当你刚开始意识到不公平的时候，忍耐几个小时或者几天是可以的。在这个过程中，锻炼是一种很好的方式。你也可以考虑和朋友、亲人或者辅导员聊聊。大多数情况下，某些短期的纠结是正常的，愤怒也会随着时间推移而消退。一般而言，我们最终会忘了愤怒，并把注意力转移到其他事情上。但是如果你总是忘不了，纠结于此，可能需要考虑如下策略。

质疑无益的想法

愤怒经常会被僵化的、不灵活的关于其他人应该怎样的信念所点燃。压力日志是挑战这些无益的信念，形成更平衡观点的有效工具，它也会提醒我们还有其他考虑现状的方式。

约翰因为年初父亲答应他去野营而特别激动。但不幸的是，他的父亲得了抑郁症，于是在临行前一周取消了行程。他向约翰道歉，并告诉他可以在下个假期再去，但是约翰因太生气和失望而没法考虑这些。约翰忍了好几天，然后把他的想法写在压力日志里。

激发事件	父亲取消野营。
信念／想法	为什么出尔反尔？他不打算和我一起去，他总是让我失望。 换个时间又有什么意义，他还是会再取消的。
应该	人应该讲信用。 人应该要说到做到，只要承诺了就该做到。
结果 我的感受如何？ 我做了什么？	愤怒、失望、伤心。 躲在自己的房间里，三天不和父亲说话。
质疑 思维误区 替代性的、更平衡的观点	非黑即白思维，过度泛化。 我希望父亲说话算话，但考虑到他的病，我猜他自己也没办法。 这不是他的错，他并不是要伤害我，我知道他也感到内疚。 尽管错过很令人失望，但这也不是世界末日，还会有其他机会的。
有效行动	我告诉父亲不要挂念野营这事，只需要关注自己的身体就好了。 我可以在假期里和朋友去打保龄球或者看电影，虽然这些不如野营有意思，但总比什么都不做好。

56

选择放下愤怒

当我们的愤怒是由别人的不公平或恶劣的行为所导致时,保持愤怒是完全合理的。但是愤怒真的能帮助你吗?你打算愤怒多久?(记住,愤怒只在促使你去采取行动和解决问题的时候才会有益,除此之外,你从愤怒那里得不到任何东西。)

奇怪的是,当愤怒消耗大量的精力和注意力的时候,它可能会令人感到满足。你可能会花好几个小时为不公平的事情感到愤怒而不打算去干别的事情。这是因为,当我们感觉脆弱的时候,愤怒会给我们一种力量感,而放下了愤怒就如同放弃了力量。

但它真的是力量吗?

> 维姬和萨曼莎喜欢上同一个男生,但都被骗了。两个人都感到很愤怒,但维姬很快就把这个男生忘了,把精力转回到她的赛艇运动、学业和朋友上。萨曼莎却一直气那个男生是骗子、混蛋,对他的恶行难以释怀,气了好几个月。她说:"面对这样一个差劲的人,我为什么要放下愤怒?"

对于萨曼莎的问题,你会怎么回答?你认为哪个女孩是有力量的?

尽管当你被恶劣对待的时候,感到受伤和生气是正常的,但让愤怒持续几周或者几个月却并不能让你的"伤口"愈合。持续的愤怒并不能让伤心、失落和自我怀疑的情绪停止,反而会增加过度思虑和其他负性情绪。

因为愤怒让萨曼莎感觉比受伤和脆弱更好,所以她会被愤怒所左右。愤怒好像让她感觉有力量,但真是如此吗?

57

尽管从表面上看愤怒是在惩罚别人，但实际上却在伤害我们自己。即使你可以在看到他们时通过忽视或不予理睬让他们不舒服，但代价是你也很痛苦。那为什么要对自己这么做呢？

练习

想一想让你（当前或过去）感到愤怒的人。他（们）做了什么不公平或者不对的事情？

你能识别出愤怒背后的威胁、伤害或脆弱吗？

58　　放下对他（们）的愤怒，你会是什么感觉？是否一部分的你想要抓住这种愤怒？

损益分析

想要待在愤怒之中是释放愤怒最大的障碍。如果一部分的你认为愤怒会给你力量，你自然会紧紧抓住它。只有当你意识到它并不能给你力量，并且愤怒的代价高于任何好处时，你可能就会准备放下它了。

一种有用的练习是"损益分析"（cost/benefit analysis），即写出保持愤怒带来的所有好处和需付出的代价。让我们看看萨曼莎对那个男生保持愤怒的损益分析。

好处

- 感觉很合理——他不值得被我原谅。
- 生气让我感觉好些——好像我是对的一方。

代价

- 他占据了我太多的想法,这个让我无法忍受的人一直在我的大脑中萦绕。
- 这种反复的纠结让我没办法思考其他重要的事情,包括我的学业。
- 这让我很烦,所有事情都被搅得一团糟,我有时还感觉头疼。
- 这让我没睡上一天好觉。
- 在无法回避那个男生的时候,我会坐立不安。
- 这使我很容易对妈妈发脾气。
- 浪费我的时间和精力。

权衡利弊后,萨曼莎认识到保持愤怒除了付出更多的代价外没有什么真正的好处。尽管一开始她以为愤怒会让她有力量,但现在认识到事实恰恰相反。愤怒耗尽了她的精力,分散了她的注意力,并且让她感觉很糟。这种认识是有益的,因为她现在明白她可以坦然接纳了。 *59*

坦然接纳

当我们愤怒的时候,即使我们做什么都改变不了现状,我们还是会拒绝接纳现状。好像接纳了就是让伤害我们的人取得了胜利,他们赢了而我们输了。但真的是如此吗?

接纳意味着承认现状并不是我们想要的或者期望的,但它就是如此。一旦我们承认这一点，我们就可能会对现实感觉舒服些。

当我们坦然接纳的时候，我们会释放身体的紧张，让自己平静下来。我们可以思考现状，有意识地决定放下我们内在的阻抗（resistance）。就像天气一样，你改变不了它，为什么还要和它对抗呢？（参见第十一章"问题解决"中的"练习接纳"。）

练习

想一个让你感觉愤怒却无法改变的情景。

当你考虑接纳它的时候，你有注意到你的阻抗吗？

什么样的想法会阻碍你去接纳它？

注意： 在被人欺凌的情况下，采取行动是绝对必要的。这包括找你的父母、老师、辅导员或者其他资深的老师谈话。无论是在学校里还是在工作中，每个人都有权利感到安全和被尊重，学校有法定的义务和道德的责任确保任何欺凌的行为被快速消除。在任何情况下，你都无须接受和容忍欺凌。

应用目标导向的思维

目标导向的思维是一种有用的释放愤怒的动机性策略。像损益分析一样，它会帮助我们认识到愤怒情绪中自我击败的思维本质。在这种情况下，我们要提醒自己保持对大局的关注，也就是对目标的关注。回想一下第五章的问题：这种思维或行动的方式有助于我达成目标吗？

吉姆因为历史作业被老师打了低分而感到生气。他认为他应该得到更高的分数，于是和老师理论，但老师并没有妥协和让步。吉姆认为一部分的他想要保持愤怒，但是他又考虑到大局，并问自己："这种思维或行动的方式有助于我达成目标吗？"

他的答案是："我的目标是以足够好的分数完成高中学习，从而考上我理想中的大学专业。保持愤怒会让我偏离目标并更难专注。纠结于此是不值得的，我需要关注在我的学业上。"于是吉姆劝自己忘了这事，并且把注意力转到他所能控制的事情上。

弗蕾达因为好朋友埃伦没有参加她组织的聚会而生气，于是想在接下来的几周都不理睬埃伦，但是她问自己："这种思维或行动的方式有助于我达成目标吗？"

弗蕾达的答案是："我想要和别人友好相处并且获得良好的关系，纠结于这些有关埃伦的负性想法会让我们之间产生隔阂。如果总是这样，我就会失去她，这不是我想要看到的结果。我现在要让这事过去，但是可能会找时间和她谈谈。"

通过认识到更大的目标是保持和埃伦的友谊，弗蕾达说服自己放下纠结。

61

挑战那些激起愤怒的"应该"

在第四章，我们看到恼人的情绪是由僵化、不灵活的想法和信念导致的，特别是那些"应该"。在和愤怒有关的情形中尤其如此，其中的"应该"包括：

- 别人应该总是做正确的事。
- 世界应该是公平的，人们应该总是考虑周到和理性的。
- 我应该总是被公平对待。

这些信念的问题在于它们并不总是符合现实。真相是，生活中的很多事情都是不公平的，有时我们也无能为力。

健康理性的方式是：当我们有能力解决的时候，尽力去解决（见第52页"处理不公"一节）；在不能解决的时候，试着学习接纳。记住《宁静祷文》(Serenity Prayer)中的话：

神啊！请赐予我平静，去接受我无法改变的事情；

请赐予我勇气，去改变我能改变的事情；

请赋予我智慧，去分辨这两者的区别。

公平可能是主观的

也请记住，公平经常是主观的，也就是说它经常基于我们自己的评判。对一个人公平的事情，对另一个人可能不是。事情并不总是非黑即白的。

62　　威廉因为没能被选上橄榄球队长而生气，他认为自己比那个被选上的人更适合。而另一方面，教练其实对这个决定也想了很久，最终还是觉得另一个人比威廉更适合这个位置。

辛迪在学校游泳节 200 米蛙泳的比赛里被取消了比赛资格,她认为自己受到了不公正的对待,因此非常愤怒。裁判判定她的打水方式多次犯规,但是辛迪确信自己没有。两种观点截然相反,但是好像都对。

罗萨娜的姐姐正值高三,整个家庭为她付出很多,罗萨娜因此而感觉很生气。她的父母对家里的每个人都做了限制,包括为了让姐姐能够专注学习而不允许在晚上九点前看电视。罗萨娜认为这些规则很可笑,而她的父母觉得这是合理的,而且如果能帮助女儿学得更好,这些代价不算什么。

尝试行为实验

当我们对某人感到愤怒的时候,我们经常认为他们的恶行会产生恶果:"如果某人做坏事,他就是坏人,就该受罪。"

一旦我们给他人贴上"坏的"或"可恶的"标签,就会影响我们对待他们的方式。我们会经常想惩罚他们,让他们日子难过。通常,我们可能会忽视他们,和他们在一起时不说话,嘲笑他们,当着别人的面批评他们,甚至当他们的面恶心他们。问题是这些行为只会保持你与他们之间的紧张关系和恶劣情绪。像愤怒、怨忿和仇恨这样的情绪,不仅对你也对对方造成了负面影响。你真的想让自己一直处于那种情绪状态吗?

下面是个有趣的行为实验——挑战"他们活该"的信念,选择尊重他们,至少在三天时间里对他们表示友好,就像你以前对待他们的那样。

对我们讨厌的人表示友好通常是很难的,因为这违背了我们的本能,但这尝试起来会很有意思。

因为这是个实验,所以你永远不知道会发生什么,但结果通常会给你惊喜。对他人放下敌意经常会改变对方，让他们对我们也不那么有敌意。这可以减少威胁感，缓解你和他们之间的紧张关系，因此对每个人都有好处。

你也许想问："如果我对他们好，但他们却对我不好怎么办？那是不是意味着他们赢了，而我输了？"其实也不尽然，不管他们怎么样，你总会对你选择善意行事的这个事实而感觉良好。毕竟，你不必让别人来决定你该如何行动。而且，如果你在三天后发现改变没有价值，到时可再回到原来的样子。你会失去什么呢？

 简言之……

- 愤怒是因为感受到某件事情不公平，通常会伴随威胁和脆弱的感觉。
- 尽管愤怒有时会让我们敢于行动或者解决问题，但它也会带来很多负面结果。
- 因为突然的暴怒会产生让人避之不及的无益行为，所以是有潜在伤害性的。而不太强烈但持久的愤怒也是自我击败的，因为它会消耗我们的精力，影响人际关系并且让我们感觉不舒服。
- 人们经常想保持愤怒的原因是他们认为愤怒会带来力量，但是保持愤怒的代价要比好处大很多。
- 很多策略可以帮助我们释放愤怒，包括："呼吸—离开—运动"技术，问题解决，使用压力日志，做关于保持愤怒的损益分析，应用目标导向的思维，尝试接纳，以及改变你对待那些让你感到愤怒的人的方式。

第七章
焦虑

焦虑(anxiety)是一种当我们感觉某事要发生时的不舒服的情绪。焦虑让人感觉不舒服,是因为它在警告我们有威胁,而且我们的身体会产生一些不舒服的生理反应,比如胸闷,呼吸浅且急促,心脏怦怦直跳,心里七上八下。

在所有让人不舒服的情绪里,焦虑是最常见的,尤其在青少年期。在人生的这一阶段,会面临很多的压力和要求,因此产生焦虑并不稀奇。

亚斯敏想要坐下来好好学习,但没办法集中注意力。她感到恶心、脸红、紧张和不安。她的思绪翻腾,一会儿想到英语作业,一会儿又想到正在和进食障碍作斗争的朋友丽萨,接着又想到数学老师对大学录取的最低分数线的评论,以及想象自己在没有充分准备的情况下参加期末考试的样子。最后,亚斯敏放弃学习而去睡觉。但是即使在床上,她的思绪也没办法停下来。几个小时过去了,她还是睡不着,一直想着各种事情。然后她又想着自己睡不着觉,第二天会更糟糕。

尽管焦虑有时会让人感觉像是一种折磨,但这并不总是坏事情,实际上,有些焦虑是正常和健康的。

焦虑的好处

当感受到某种威胁时，我们会感到焦虑，这会让我们采取保护措施。比如，对做陈述报告的焦虑会促使你好好准备，对临近考试的焦虑会督促你抓紧学习，对周末前要完成作业的焦虑会催促你赶快行动起来。

焦虑也会在高度的压力情境下激发你的能量，改善你的表现，比如当你的工作快要超过期限的时候，或者当你正在参加一场体育比赛或学校的辩论赛时。许多人很喜欢肾上腺素飙升的感觉，这种感觉就是在高压情境下因焦虑对表现的正向作用而产生的。

只有当焦虑来得太频繁、太剧烈，令人感到失控时，它才成为问题。感到被焦虑淹没，会削弱我们的表现水平，并且让我们无法达成我们想要的目标。比如，亚斯敏的焦虑就影响了她的注意力、睡眠和精力水平。

一旦我们理解了焦虑是如何工作的，即什么产生焦虑，焦虑怎样影响我们，以及什么让焦虑持续存在，我们就可以学习如何更好地管理焦虑。

焦虑的影响

焦虑在三个方面对我们有影响：躯体、想法和行为。现在让我们从这三方面分别加以讨论。

躯体

伴随焦虑的躯体变化被称作"战或逃"反应。在这种情况下，我们的大脑感知到威胁，触发肾上腺（在肾的上面）分泌肾上腺素，从而引发能量的激增,同时增加唤起和警觉水平,使躯体做好行动准备。我们的肌肉变得紧绷,呼吸变快,心跳加速,血压上升。对于我们石器时代的祖先来说,这种反应是非常有用的,因为能够为防御野兽或者逃脱危险提供能量,这也是为什么称其为"战或逃"反应。

尽管我们现在所处的世界和我们祖先的大不一样,但是"战或逃"反应有时也是有益的。像我们前面提及的,当你在高压状态下时,这种反应会给你额外的能量。它也可能帮助你逃离潜在的危险情境,比如跑出起火的丛林,逃离潜在的抢劫者,摆脱恶狗或者避开飞速行驶的汽车。甚至能使你能量激增,让你在雷雨天赶紧跑到避雨的地方。

但是大多数触发我们"战或逃"反应的情境并不包含与身体有关的危险。我们体验到的威胁通常和情绪健康有关,而不是和身体安全以及生存有关。比如,你可能因为不得不做一次演讲而焦虑,因为考驾照而焦虑,因为需要面对某人而焦虑,或因为要参加一个不太熟悉的聚会而焦虑。即使这些情境并不会让你面临身体伤害的风险,你还是会感到焦虑。因此,这种情况下身体被激发而准备行动的状态并不会带来好处,反而会带来一系列的坏处,比如让你变得过敏、紧张和注意力不集中。

持续的焦虑也会导致很多不适的躯体症状,比如,头晕、恶心、抽搐、头疼、疲劳、睡眠紊乱、磨牙和肌肉痉挛等。

想法

当我们感到焦虑时,我们的想法也会改变。焦虑会让我们对可能的威胁更加警觉,我们更可能:

- 关注可能发生的坏事。
- 高估坏事发生的可能。
- 夸大坏事发生的负面结果("灾难化")。

68   在焦虑状态下，我们经常被灾难化的思维所左右。我们可能会"误报"，也就是说，我们会在各种并不算真正危险的情境中感受到威胁。我们会担心那些不太可能发生的事情，或者对一般事件（比如你的朋友没有立即回你短信）以一种灾难化的方式进行误读（"她一定生我的气"）。

行为

正如前文所述，一方面，焦虑是动力；另一方面，太多的焦虑反而会导致拖延（一直推迟做该做的事情），从而降低效率，或者把时间浪费在不重要的事情上。现实中，回避是一种常见的应对焦虑的行为反应。

回避

因为焦虑会让人感觉不舒服，所以我们经常会回避那些能够产生焦虑的事情。比如，如果你需要和校长谈一谈，或者要和另一位同学一起解决一个问题，或者要打一个你不太想打的电话，你可能会发现自己一拖再拖。如果你对某项学习任务很焦虑，你可能会拖到最后期限才去完成。或者因对不知道该邀请谁去毕业典礼感到焦虑而整晚待在家里。尽管回避这些情境可能会让你短期内感觉轻松，但实际上会让你长期处于焦虑状态。

反思

哪些事情会让你感到焦虑，从而回避而不采取行动？

回避这些事情的结果是什么？有什么坏处吗？

安全行为

焦虑也会使我们过度地做某事，或者过度努力以让自己感到安全。比如，如果你对自己的外表感到焦虑，可能就会在镜子前花很多时间，以确保你的样子看上去不错。如果你对学业感到焦虑，可能就会花大量的时间在简单的任务上。如果你对某些身体症状感到焦虑，可能就会在网上研究它们，并通过浏览那些和你并不相关的疾病信息制造更多焦虑。如果你对让朋友喜欢你这事感到焦虑，可能就会非常努力地取悦他们。如果你对遇见陌生人感到焦虑，可能就会在聚会时只和认识的人聊天而忽略那些不认识的人。这些安全行为通常没有经过思考就发生了，而大多数情况下我们甚至都没能意识到我们在使用它们。

> 艾丽克丝在社交场合会脸红，她担心别人会注意到这点而觉得她很怪，因此当和朋友在一起的时候，她总是站在或者坐在光线不太明亮的地方来隐藏这种尴尬。她经常穿件高领套衫来遮掩，而如果最终脸红了，她会在别人注意到之前找个借口离开。因为这些安全行为不会让其他人看到她脸红，所以艾丽克丝觉得它们是有用的。

最近，艾丽克丝被邀请到一个露天餐厅去吃早午餐，这是她无法回避的事情。她担心如果暴露在露天的自然光下，那么一旦脸红，每个人都能看到了。于是她打算戴一副大的太阳镜和一顶帽子，以便至少有部分脸可以被隐藏。

练习

艾丽克丝的安全行为是什么？

70　你认为这些安全行为的结果是什么？有什么坏处吗？

如果你是艾丽克丝的朋友，你会鼓励她做什么？

尽管大多数安全行为显而易见，但有些安全行为却在我们的头脑中。这些"认知上的"安全行为包括过度思考和过度分析。有些人认为他们对各种可能性思考或者分析得越多，对未来就越有准备。但是，因为他们一直都聚焦在可能的危险上——即使没有必要担忧，这个过程本身放大了感知到的威胁，实际上反而维持了焦虑。而且，这也会让他们无法更加充分地关注发生在当下生活中的事情。

使用安全行为的麻烦在于：因为这些安全行为使我们没有办法发现所害怕的事情并非真的危险，所以我们会一直感觉不安全。只有面对恐惧，我们才能学会不必害怕它们。

反思

你能想到曾使用过的安全行为吗？

如果你不使用这些安全行为,你认为会发生什么?

 调节焦虑的策略

在本章余下的内容中,我们会了解到不同的缓解和控制焦虑的策略。首先我们从健康的生活方式以及沟通开始,这对于提升我们整体心理健康是重要的,接着我们将呈现其他具体的管理焦虑的方法。

保持健康的生活方式

我们的心理和躯体是相连的。发生在我们身体上的事情也会直接影响我们的心理,反之亦然(见第十四章"自我照顾")。当我们努力地通过健康饮食和日常锻炼等方式保持身体健康时,我们实际上是在通过影响大脑内部的化学过程来改善我们的情绪,平复神经系统,并且提升精力水平。

另一方面,任何减少你身体能量的行为都会对你的心理健康有负面的影响。因此,避免吸烟、饮酒和晚睡等不良习惯,也会帮助你保护你的心理健康。

因为锻炼可以促进大脑释放那些让我们感觉更积极和减少唤起的化学递质,所以是非常有益的。任何可以增加我们心率的活动都是有益的,比如快走、慢跑、游泳或者骑车。每天至少 30 分钟的锻炼最佳,但即使少量的锻炼也会让你减少压力,神清气爽。

沟通

在焦虑和有压力的时候，和人聊天是很有帮助的。朋友、家人、老师或者辅导员都可成为你的支持力量。有时他们可以提供安慰和精神支持，有时也能提供实际的帮助；有时他们帮助你澄清你的需要，或者让你以一种更加积极的方式看待事物。不同的人可以提供不同的帮助，但是最重要的是你的意愿。也就是说，当你处在压力之下时愿意去找他们，并且告诉他们发生了什么。如果他们不知道发生什么，就无法提供帮助。

72

反思

如果你遭遇了一段时间的焦虑或者压力，你会找谁聊聊？请列出名单：

放松躯体

我们之前提到，当你感到焦虑的时候，你的躯体也会变得紧张。但你是否曾注意到，减少躯体的紧张程度也会减少焦虑水平？甚至当你的肌肉放松时，你的想法也变得不那么灾难化了。

我们的大脑不断从我们的肌肉状态中获得反馈。肌肉紧张是在告诉我们的大脑，我们还在危险中，这会让我们保持高度警觉。反之，肌肉放松会给大脑一个"危险解除"的信号，使得焦虑水平降低。事实上，在躯体完全放松的情况下保持焦虑是不可能的（尽管当你焦虑时，放松并不总是很容易）。

尝试渐进式肌肉放松

通过渐进式肌肉放松练习,有意识地放松肌肉,一次一组,我们会达到深度放松的状态。这个过程要比安安静静地坐在沙发上看电视更让人放松。因为通过这个过程,你创造了一个和感到焦虑时完全相反的状态:肌肉放松,心跳减慢,血压降低,呼吸变得缓慢而有节奏。

你可能会想,"可是深度放松也没有解决我的问题,我还是须在 12 年级拿到最好的成绩,考上理想的大学",或者"我还是要在全班同学面前演讲"。确实,学习放松躯体并不会改变你所处的生活现状,但是它会改善你不舒服的身体感觉和关于现状的灾难化想法。如果你想要解决问题,那么让你的躯体放松会使你的思维更清晰,也会使问题解决更容易。

当实施渐进式肌肉放松时,需要坐下并有意识地经历一系列步骤,其中的关键步骤描述如下:

- 找一个安静的不受打扰的地方,松开衣服上任何让你感觉紧或不舒服的地方。以一个舒服的姿势坐直,双脚平放在地板上。把你的手放在让你感觉最舒服的地方。闭上眼睛,花些时间去感受你身体内的感觉。
- 吸气并且绷紧你脚上的肌肉,屏住呼吸并保持这种紧绷感几秒钟,然后呼气和放松你的肌肉。当放松时观察你脚部的感觉。
- 接下来对所有主要的肌肉群重复这个过程,次序如下:小腿、大腿、臀部、腹部、胸部、胳膊、肩膀、脖子和脸。

现在观察你的整个身体,只要有任何还处于紧张状态的部分,就有意识地放松那个部分的肌肉。安静地坐几分钟,享受这种放松的感觉。

如果想自己做这个练习,那么有个声音指导会让这个过程更容易些。有很多可以下载的应用程序和在线音频提供渐进式肌肉放松的指

73

导。如果你在网上搜"渐进式肌肉放松音频"，就能找到很多选择。

做慢节奏呼吸练习

当你激动起来或者体验到"战或逃"反应（心怦怦跳、胸闷、呼吸急促等）的时候，慢节奏呼吸能帮助你感到平静。如果惊恐发作，这种方法特别有用。通过有意地放慢你的呼吸，你也会降低其他唤起的部分，包括升高的心率和血压。这一技术简单而有效，具体步骤如下：

1. 缓慢吸气（不用太深），并且屏住几秒钟。

2. 缓慢呼气，同时在心里默念"放松"这个词。当默念"放松"这个词时，你会感到自己正在释放压力。

3. 再慢慢吸气，这次在心里默念"吸气"这个词。屏住呼吸几秒钟然后慢慢呼出，同时在呼出时默念"放松"这个词。

继续上述慢节奏呼吸步骤，每次吸气时默念"吸气"这个词，呼气时默念"放松"这个词。

如果你喜欢使用外部的指导，网上有很多免费的应用程序可以指导你进行慢节奏呼吸，比如"Breathe2Relax"和"Reachout's 'Breathe'"。

冥想

冥想对于减少焦虑和伴随的不适的身体感觉是一个有用的工具。（也见第十章"正念"。）尽管冥想的方式很多，但常见的是将注意力聚焦在呼吸上。（其他如声音、身体扫描或者运动中的身体感觉等也可被用作聚焦的点）。通过全神贯注于此刻，你的心会与由焦虑引起的散乱或无法停止的想法分离。有人将这种体验描述为"在浑浊中安静下来"。大多数人在五到十五分钟的冥想后感觉焦虑得到明显缓解，并且这种感觉可以持续几个小时。

和之前慢节奏呼吸不同的是,冥想并不包括对呼吸的改变或控制。你只需要把心放在呼吸的感觉上,跟随其自然的节奏即可。每当你注意到想法已经游离的时候,可温和地把注意再转回到你的呼吸上。

许多人认为冥想学起来很具挑战性,但其实练习越多,冥想就越容易。它是一个用于处理情绪的非常有力的工具,值得尝试。而且,有很多应用程序和在线音频可以下载,以指导你的冥想练习(第十五章可提供更多信息)。

问题解决

焦虑经常是由灾难化的思维所致,但对于大多数人来说,有些情境也具压力性。比如,考试、期限临近、需要面对某人或者参加面试等,常常会引起焦虑。当你面对这些挑战性情境时,考虑问题解决是有益的。可以问自己:"我现在能做什么?"并寻求解决的方案,或者让情况可控的方法。

娜迪娅意识到可能错误地评论了她的朋友维达,因此感到焦虑。她担心了好几天,最终决定采取行动。她打电话给维达沟通此事。果然,她的评论让维达有些受伤,但是在她解释和道歉后,误会消除了。娜迪娅通过采取行动,最终让问题得到完满解决。

因为不明白英语作业的要求,也不知道从何处开始,马特感到十分焦虑。他问了班上很多同学,但没有得到有用的回答。于是他去找英语老师,约了时间讨论这个作业,最终明白了他需要做的并且能够开始着手做,因此他的焦虑大大缓解。

75

　　　　夏兰即将参加一个需要有工作经验的职位的面试，因此感到焦虑，担心说不出话或者说蠢话。为了做到心中有数，夏兰决定对那家公司做些研究和了解。他也准备了一些可能会被问的问题的回答以及他想问主管的问题。这些准备让夏兰感到更有信心，同时也降低了焦虑。

　　有时，解决方案是显而易见的，而当面对更加复杂的挑战时，需要对各种可能的解决方案进行头脑风暴，或者从父母、老师那里寻求建议。一步一步的解决问题的方式有时会很有用（详见第十一章"问题解决"）。

写一份待办事项清单

　　你是否曾经因为事情太多时间太少而感到压力过大？这里有一个简单实用的策略，即写一份待办事项清单。

　　在每天的开始写下你所有要做的事情，然后在一天当中回看几次这份清单。一旦你完成某项就把它划掉，然后继续做其他没有完成的。使用列表的方式可以让你有控制感，因为不必把所有的任务都放在脑子里，而划掉完成的事项会让你产生成就感并提升你的情绪。

　　对于工作量大的任务，将其分解成小任务是个有用的方法。列出每一个小任务（比如，"任务一：……"，"任务二：……"，"任务三：……"），使自己感觉到对任务更可控，同时也会在每个任务结束时产生成就感。

面对你的恐惧——避免回避

　　面对而非回避你害怕的情境是逐渐减轻焦虑的最有效的方式，尤其是当我们处理持续的、无法自行消失的恐惧时，这一方式特别有用。这些情境可能包括打一个可能让你感觉不舒服的电话，参加社交活动，见某个领导，学习开车，和你喜欢的人单独相处或者开启话题。面对让我们害怕的情境，能使我们认识到那个情境并不像想象中那么可怕，尽管很难，但可以应付，所以这种方式有助于降低焦虑。

那从哪里开始呢？当你要面对的恐惧特别强烈的时候，那么最好从小的、容易的任务开始，然后随时间推移而逐渐增加挑战难度。

> 克里斯害怕和女生讲话。他挺想和她们聊天，但是在她们旁边总会感觉不自在和尴尬。克里斯想要克服这种恐惧，因此他决定从以下行为开始：在走廊里碰到女生的时候进行短暂的眼神交流或者只是笑笑。很快他发现这并不像他想的那么难，于是几周后，他尝试更大的挑战。他在遇到某些友好的女生时会打个招呼，令他惊讶的是，对方也会给予回应。又过了一段时间，克里斯进入了下一步，他在一次科学实践课上和同组的女生攀谈起来。（他知道他们都支持同一支足球队，因此他和她聊了聊上周六那场激烈的比赛）。虽然那个女生说的不多，但整体还算顺利。在第二次实践课上，他又以同样的方式和那个女生聊天，除了到后面没话聊之外，依然挺顺利。几周后，克里斯鼓起勇气加了她的"脸书"（Facebook）帐号，令他高兴的是，她竟然接受了。尽管离真正克服还有很长的路要走，但他毕竟有所进步，这增加了他的信心并且给了他希望。他现在打算每天早上在公交车站等车时和看到的女生打招呼。

当我们频繁地面对所害怕的情境时，这些情境就变得不那么可怕了。如果你担心自己在班上做陈述报告时的表现，那么可以先在你的家人或者一小群朋友面前演练一番。如果你害怕乘坐电梯，那么可以一次坐一层，之后再逐渐增加乘坐时间。如果你害怕社交场合，那么可以先

78　　参加一些"安全"场合（比如，参加一些可以让你和你的伙伴一起参与的有组织的活动），然后逐渐增加参加其他社交场合的次数。

反思

你有想克服的恐惧吗？如果有，请写下你可以采取的控制这些恐惧的每一个小步骤。

面对你的恐惧——放下安全行为

正如之前提到的，安全行为特指我们为了让自己"安全"所做的事情。这些行为不是理性的选择，而是因焦虑而起，可能包括过度检查、过度计划、完美主义行为、努力取悦他人、不断寻求再确认的行为等。

79　　　　特里斯坦每次参加聚会都会喝得迷迷糊糊，然后变得话多而且特别不听劝。在一次聚会上，他甚至把墙给弄坏了，让在场的很多人都很失望。特里斯坦不得不和父母解释这件事并且赔偿了损失，同时也意识到不能再这么喝了。和辅导员聊过后，他意识到这种狂饮其实是应对焦虑的安全行为。他最大的恐惧是怕别人看到他社交时尴尬的样子，于是通过喝醉来掩饰。特里斯坦同意使用辅导员建议的策略来管理焦虑，这帮助他发现不用喝得烂醉也能让自己享受聚会。随着时间的推移，他的社交自信慢慢增加，也可以更好地享受周日时光而不用受宿醉之苦了。

质疑无益的想法

在第三章，我们看到很多不同的思维误区，这些误区会引发不舒服的情绪，比如焦虑、悲伤、愤怒、挫折感和内疚等。通常让我们产生焦虑的思维误区包括非黑即白思维、读心术、灾难化和比较。

每当你感到焦虑的时候，都是一个反思你内在自我对话的良机。请记住，并不会因为你想到了某事，就代表它是真的！在压力日志上写下你的想法，会帮助你打破自动陷入负面思维的习惯。确定这些负面思维，识别思维误区，提出更加平衡合理的看待事情的方式，会给你不同的视角。

特蕾莎是 11 年级的学生，因病落了五周的课。现在她回到学校，但是因为有很多功课要赶而感到焦虑和压力重重。她不知道该从哪里开始。

激发事件	因病落下很多功课。
信念/想法	永远回不到以前了，我落下太多功课了。 别人都能掌控自己的学习，但我却不能。 如果我做得不好，他们会对我失望的。
应该	我应该总能在学业上跟得上进度。
结果 我的感受如何？ 我做了什么？	焦虑、害怕、情绪低落。 拖延。花一晚上的时间给朋友发消息而不是做作业。
质疑 思维误区 替代性的、更平衡的观点	非黑即白思维、读心术、比较、灾难化。 别的同学也会因为各种情况而暂时中止学业并在后来赶上，这不是一个不可能的任务。 不是所有人都能跟上进度，即使那些一次课都不落的人。 因为他们都知道我生病了，所以如果我的成绩不像之前一样，他们也是会理解的。没有人会评判我(除了我自己!)。 我希望能跟上进度并使一切有条不紊地展开通常是没问题的，但并不可能总是如此，我需要学习接纳这样的变化。

80

77

	续 表
有效行动	写下我需要做的特定的任务，并把每一个任务分成小步骤。 对某些科目可以从容易的介绍性的内容开始（阅读，并做笔记）。 安排时间和每个科目的老师沟通，问问是否有些课程可以免修。 找学校的辅导员进行咨询，寻求帮助。

在特蕾莎完成压力日志之后，她意识到当前的情境是有压力的，但也有可控的部分，于是她详细列出了所有要做的事情。

81 担忧

焦虑是我们的大脑对感知到的威胁（现在的或者未来的）的反应，包括躯体反应，而担忧（worrying）是一个思维过程。当我们担忧的时候，我们会将未来可能发生的事情往坏处想。尽管偶尔的担忧是正常的，但是过多的担忧是无益的。它会分散我们的注意力，让我们很难集中精力。它会消耗"紧张能量"，并且让我们感到疲惫。它也会让我们因为总是关注未来的威胁而无法享受当下。

有担忧习惯的人经常感觉被驱使着持续处于担忧状态，因为他们将这个过程与问题解决混淆了，但是这和问题解决是不同的。问题解决是你在面对真实挑战情况下的一个有益的过程，比如像之前落下五周课程的特蕾莎所做的那样。问题解决包括寻找方案并加以实施，而在做的时候是没有担忧的。

有些人认为，如果他们把每一个可能出现的灾祸都考虑到的话，他们就可以做好准备以应对所有负面事件。在他们的心里，他们可能要为未来出现的问题准备解决方案。因为事情出现状况的可能性是无穷无尽的，所以这是毫无意义的工作。良性思维包括：接纳不确定性是正常生活的一部分,而不必过度思考和过度分析。

当你每时每刻都在想的时候,坏事情总有可能发生,不管是身体上(比如受伤)还是社交上(比如被别人批评)的。即使你躺在床上,也可能有祸事发生,比如被蜘蛛咬,或者从床上掉下来把自己摔着,或者翻身的时候导致肩膀脱臼。关键是,不论你做什么,坏事总有可能发生。如果你把时间都花在担忧所有的可能性上,你就会陷入那些让你分心和毫无意义的想法中。(而且,你怎么知道自己的担忧就是对的呢?)

 ## 处理担忧的策略

82

下面是一些有用的、能帮你控制担忧的策略。

对想法的正念觉察实践

我们的头脑一直都在思考,而且大多数时间都不会意识到我们在思考。对想法的正念觉察(mindful awareness)是指:观察进入大脑的想法,并且当想法是反复、灾难性或者不合理的时候觉察它们。你可以在冥想中这样做(在你的思绪回到原有关注之前,简单地觉察你的思绪游离到了何处),也可以在日常的生活情境下做。

一旦你意识到自己处于焦虑状态,就观察进入头脑中的想法类型,进行识别并加以标注,包括:"担忧"(想未来可能的威胁),"反刍思维"(rumination,总在想那些已经发生的坏事情以及你多么希望它们不曾发生),"过度思考"(过多使用无效的方式进行思考),以及"过度分析"(花费太多时间考虑每一个角度和可能)。标注你的想法会帮助你意识到所经历的并不是"现实"或者"真理",而只是想法,是你的焦虑的副产品。用一种好奇和不评判的方式觉察你的想法,有点像一个外部观察者看一个有意思的东西。（什么会比你的心理过程更有意思呢？）也请记住，你不必关注所有进入脑海的想法，不是每个想法都是有价值的。（参见第十章"正念"。）

延迟你的担忧

如果你是个爱担忧的人，就会发现自己很难停止担忧，因为担忧（这是一种安全行为）会让你有安全感，停止担忧会让你感到脆弱。一个打破担忧习惯的有效工具是"延迟担忧"便笺本。当你每次注意到自己陷入担忧状态的时候，用几个词把它写在你随身携带的便笺本（或者手机）上。写完后，给自己一个承诺——暂时放下它，然后在晚上七点钟或者之后的其他时间再来看它。如果同样的担忧再次出现，提醒自己它已经被记下了，你会在晚上再看。因为知道可以稍后处理，很多人都能够放下担忧。

当再看担忧的时间到来时，你觉得会发生什么？你可能会很惊奇地发现，大部分担忧好像都不那么重要了。事实上，甚至都不值得担忧！如果有些担忧对你的健康造成了持续威胁，那么你要问自己是否能够进行问题解决。你能改变该现状中的哪些部分，或者有什么是需要接纳的？担忧那些你不能控制的事情有意义吗？（参见第 57 页"坦然接纳"。）

当你半夜醒来无法再入睡的时候，延迟担忧也是一种有用策略。如果你发现自己担忧各种事情，那么可以先写下来，然后告诉自己明天早上再处理。当你第二天再看的时候，可能会意识到这些问题并不像昨天晚上想的那么严重。

写下你的想法是很重要的，因为只是告诉自己现在别担心是不够的。你的大脑需要相信问题不会被遗忘，并且你会稍后处理。

如果你更喜欢在手机或平板上使用应用程序来做的话，ReachOut 的应用程序 Worrytime 可供免费下载。这个应用程序会提供一种容易的方式来记录和存储你的担忧。

 ## 检验证据

当我们担心可能会发生坏事的时候，通过客观看待现状和检验是否有证据支持我们的感知来评估我们的想法是有益的。下面的列表会帮助我们使用证据而非本能来检视我们的想法。

84

检验证据

描述你害怕会发生的情况：

1. 事实是什么？

2. 关于它的想法是什么？

3. 有证据支持我的想法吗？

4. 有证据不支持我的想法吗？

5. 我的想法是基于事实还是情绪？

6. 我的想法之前有错过吗？频率是怎样的？

7. 我的想法是不是属于某种思维误区？

8. 有没有替代性的、更平衡的观点？（或者一个冷静贴心的朋友会建议些什么？）

85　　　在第 67 页，我们提到了艾丽克丝，她因担心别人注意到她经常脸红这件事而非常焦虑。艾丽克丝特别担心马上要参加的一个露天早午餐会，她决定使用检验证据列表来质疑她的担忧。下面是她的记录：

检验证据

描述你害怕会发生的情况：

我会脸红（不太厉害），每个人都能看到。因为没有特别的理由，所以他们会奇怪为什么。他们会觉得我很怪，我可能会被当众取笑。

1. 事实是什么？

我容易脸红，尤其在社交场合。

2. 关于它的想法是什么?

当我脸红的时候,别人会注意到,并且认为我很怪。因为没有任何理由,他们会奇怪我为什么脸红,而且可能认为我有问题。

3. 有证据支持我的想法吗?

没有特别的,但我还是觉得很奇怪,即使和朋友在一起,也这么容易脸红。

4. 有证据不支持我的想法吗?

之前我很多次在别人面前脸红,但大部分情况下他们不会评论这件事,我觉得他们甚至没注意到。有几次人们对此做了评论,但是好像也没特别在意,也没一个人因为我的脸红而批评我。

5. 我的想法是基于事实还是情绪?

它基于我的本能——情绪。我并没有任何真正的证据。

6. 我的想法之前有错过吗? 频率是怎样的?

过去我担忧很多事情,而且大部分情况下,我都是错的。

7. 我的想法是不是属于某种思维误区?

属于读心术和灾难化。

8. 有没有替代性的、更平衡的观点? (或者一个冷静贴心的朋友会建议些什么?)

除非我做了非常怪异的举动,比如像狗一样叫或者倒立,否则大部分人都不会注意,也不在乎。我都脸红几百次了,也没有一个人关注过它。由于某种原因,我容易脸红,但这不是我的错,也不是缺陷。如果我能学着接纳它,它也不会干扰到其他人。

　　完成这个练习后,艾丽克丝决定放下她的安全行为,直面恐惧。她准备不用任何遮掩去参加早午餐会。她想知道当面对她最深的担忧时 *86*

会发生什么。

 简言之……

- 焦虑是当你感知到某种坏事可能发生时出现的不舒服的情绪，伴随着身体的紧张和唤起，会影响我们的思维、感觉和行为。
- 焦虑可以促使我们采取积极行动，比如为考试而抓紧学习或躲避危险，但是太多的焦虑会有负面影响。
- 应对焦虑的有效策略包括：问题解决，面对恐惧的情境，放下安全行为，放松练习，冥想，保持身体健康。
- 识别和质疑那些让我们感觉焦虑的想法是有益的，可以使用压力日志或者使用第 81 页的检验证据列表。

我们所有人时常都会有情绪低落的日子。感到忧伤（sad）、失落 87
（low）或者忧郁（blue）（或者心理学家所说的"抑郁情绪"），是对生活中
所发生的令人苦恼事情的正常反应，比如关系问题、学习困难、父母压力
或者和朋友意见相左。在这种状况下，我们的想法会变得负面和悲观。
你可能感到生活无望，也觉得好像没有解决问题的可能。但是通常我们
的情绪会在一两天后或者睡个好觉后得到改善。

抑郁

在某些情况下，我们的情绪会变得越来越低落，最终导致抑郁
（depression）。抑郁（有时也叫"临床抑郁"）是比一般的忧郁更脆弱的症
状，会对我们的思维、感觉和行为产生巨大的影响。以朱利安为例：

> 朱利安在一次重要的考试中发挥失常，他非常难受，而且随着
> 时间的推移，他变得更糟了。
>
> 当一个人的时候，他感到心情低落，时常哭泣。他不想做事情， 88
> 不能把注意力集中在对他而言一直很重要的学业上，也对曾经喜欢
> 的健身房锻炼失去了兴趣。
>
> 朋友约他出去，但是他不愿意。他不喜欢和人在一起，甚至在

安静的夜晚和他最好的朋友在家里玩电子游戏都感觉太费劲。唯一让朱利安感觉还不错的就是睡觉的时候，所以他大部分时间都在床上度过，而起床上学也变得困难。他的父母和老师让他振作起来，但这只会让他感觉更糟，因为他看不到任何解决问题的办法。他的想法变得非常消极——好像任何事情都没有意义，事情永远不会变得更好。朱利安负面的自我对话在脑中萦绕："看看我，我是一个彻头彻尾的失败者……我什么都做不了……什么也做不好……"

朱利安的想法、感觉和行为是体验到抑郁的人的典型特点。

当人们抑郁的时候，他们通常能体验到如下症状：

- 感到悲伤、喜怒无常、烦躁不安和心烦意乱，哭得厉害。
- 缺乏精力——不想做任何事情（例如，外出或与人交谈）。
- 睡眠问题（例如，无法入睡，睡眠过多或夜间醒来）。
- 饮食紊乱（例如，食欲不振或进食过多）。
- 低自尊（例如，感觉自己毫无价值）。
- 感觉自己无法应付生活——即使是最简单的事情似乎也难以应付。

89

- 变得非常关注自己，对其他事物或人失去兴趣。
- 对自己以及周围的人和事物抱有负面想法。
- 绝望感——感觉未来没有希望，事情永远不会好转。
- 无助感——认为自己对改善局面无能为力。
- 有时会有关于自残或自杀的想法。

生活中的压力事件，例如关系的破裂、学业失败、被欺凌或家庭冲突，都可能引起抑郁发作。然而，一个正在经历压力事件的人是否会变得抑郁，将取决于许多因素，包括他们的早年经历、人格特点、思维方式、社会支持水平和当前生活环境。有些人也有较强的生物易感性，因此更容易变得抑郁（参见第 100 页"关于生物学和心理健康问题的结论"）。有支持的朋友和家人、有极大的热情或目标感、健康的生活方式等有助于预防抑郁，或者至少可以帮助我们更快地恢复。

情绪随时间推移治愈

当坏事发生或我们失去了所重视的东西时，在一段时间内感到情绪低落是正常的。有时甚至感到悲伤，这是对重大丧失的正常反应。例如，如果你正在处理一段破裂的关系，或者你没能考上一个你很向往的专业，或者你的父母离婚了，你意识到你的家庭再不会完好如初，那么这种悲伤持续一段时间是正常的。你需要时间来适应你不想要的变化并且理解新的生活。在此期间，你可能会感到悲伤、愤怒、沮丧、内疚和低自尊。尽管你可能认为你会一直如此，但事实上，这些令人不安的情绪通常会过去。你所处的情境可能会发生变化，或者如果没有变化，你也会适应它们。（随着时间的推移，大多数事情我们都能适应。）在这一过程中，你能做的最有用的事情就是照顾好自己。这包括每天进行一些体育锻炼，多多关注膳食（参见第十四章"自我照顾"），练习正念觉察以及接纳自己的情绪（参见第十章"正念"），并参与你喜欢的活动。花时间与我们喜欢的人在一起也有助于情绪恢复。随着时间的推移，我们的情绪会开始好转。

当我们感到沮丧时，最大的障碍是我们经常试图回避他人并将自己与外界隔离。这样做的问题通常在于你做得越少，你的感觉越差。有时不愿活动与负性思维相互作用，进一步降低我们的情绪和动力，从而形成恶性循环。

90

抑郁漩涡

情绪低落导致消极的想法，例如"人们不喜欢我"，"我是个坏人"，"事情永远不会变得更好"，"我的情况好不了了"，"一切都很糟糕"，等等。这些想法会让我们感到更加失望，反过来又降低了我们的动力。我们感到筋疲力尽，疲惫不堪，好像什么事都懒得做。我们也可能认为与人相处没意思，所以避免与别人接触并拒绝接受邀请。问题是，当我们避开日常活动时，我们会更关注自己和自己的问题，于是被更多负面的想法所纠缠。（请记住，这被称为"反刍思维"。）结果，我们感觉更糟了。负面想法和被动行为的组合使我们的情绪陷入抑郁漩涡。

91

抑郁漩涡

触发因素：有令人沮丧的事情发生。

思维：对当下情况的负面想法。

情绪：感到伤心。

行为：不想做任何事情或者与人交往。

行为：花更多时间独处，变得不那么活跃。

情绪：感觉更抑郁。

思维：有更多的负面想法。

▼

情绪：感觉更糟。

克莱尔一家搬到了一个新地方，因此她不得不在学期中转学。克莱尔感到失落和孤独，并开始感到抑郁。

抑郁漩涡

触发因素：开始在新学校上学，不认识任何人，感到孤独。

▼

思维："除了我，每个人都有朋友。我是一个局外人，没有人可以陪我。"

▼

情绪：感到非常难过。

▼

行为：几天不去上学。
大部分时间都待在自己的房间里上网或者看电视。

▼

行为：连学校都不想去，没希望了。

▼

情绪：感觉更抑郁。

▼

思维："试有什么用？我永远都克服不了的。"

反思

92

如果你最近感到心情失落或抑郁，请使用下面的压力日志描述发生的情况。

激发事件
信念／想法 应该
结果 我的感受如何？ 我做了什么？

 ## 当你感到沮丧时使你振作起来的策略

正如我们所见，试图让抑郁情绪消失的障碍之一是缺乏动力——你不想做任何事情。但要记住这个抑郁漩涡——你做得越少，你感觉越糟。最终，因为你完成得太少，你会感觉更不好，而坐着不动会更容易陷入反刍思维。因此，即使你不喜欢做，也要推着自己去做，才会有所改变。

无论你是抑郁还是只是有些忧郁，思考当下状况的"ABC"并调整其中的每个部分——激发事件、信念/想法以及结果（感受和行为），这对你的情绪调整会有所帮助。

A. 激发事件： 问题解决

可以问自己一个有用的问题："解决这个问题的最佳方法是什么？"你能想到可采取哪些行动改善现状吗？ 如果你能想到什么办法，那么下定决心去做。例如，你可以打电话给某个你能够指望可以给你支持的人，或者在学习上遇到困难时去寻求帮助，或者和父母讨论一直困扰你的问题。

93

对于某些问题，并没有明确的解决方案，你可以进行一些头脑风暴，以便提出处理它们的最佳策略（参见第十一章"问题解决"）。

多米尼克最近感觉很沮丧，她很容易流泪，也不再能好好地享受生活了。当她思考是什么事情引发问题的时候，意识到其中一个主要原因是她的父母在六个月前离婚了，并且发现真的很难应对所有与之相关的改变。

多米尼克打算运用问题解决策略，但她意识到自己无法对父母的离婚做些什么。即使她希望他们复合，这也不是她所能控制的。所以多米尼克认为这是她需要接纳的现状之一。但是，她可以解决由于父母离婚而产生的一些具体问题。

多米尼克认为父母离婚这件事对她来说有两个方面特别难以接受：

1. 父母双方都在她面前说彼此的坏话。多米尼克发现这让她很难受，因为她两个人都爱，不想站在任何一方。

2. 多米尼克的父母对她的安排是，平时与妈妈住在一起，周末和爸爸住在一起。这种安排的问题在于，虽然她喜欢和爸爸在一起，但爸爸住的地方离学校和朋友太远，使得多米尼克很难在周末和朋友相聚。

多米尼克决定采取以下步骤来尝试解决以上两个问题。 94

首先，她打算分别找父母谈话，澄清她对双方说彼此坏话的感受。她会写下她想说的话——使用完整的信息（whole messages）（见第十二章"有效沟通"），并计划在一周内和父母谈论这事。

其次，多米尼克决定向父母提出和谁一起住的问题。她会解释为什么她对目前的情况不满意，但也让她的父亲相信，她在乎和他在一起的时光。她建议最好把和父亲相处的两天放在平时而不是周末。如果这个办法不可行，那么她或许可以在妈妈家和爸爸家轮流过周末。多米尼克意识到她的父母可能因为工作和旅行而无法改变现有的安排，因此她决定采用另一种可能的选择：在某些周末邀请朋友和她一起住在父亲那里。

通过采取行动去改变让她不愉快的事情，多米尼克解决了部分问题。这让她感觉更好，也提升了她的情绪。

B. 质疑无益的想法

我们的情绪影响我们的想法，我们的想法也会影响我们的情绪。当我们感到情绪低落或抑郁的时候，我们会对自己、他人和未来产生负面的看法。像灾难化、过滤、贴标签、非黑即白思维和个人化这样的思维误区会不知不觉地发生，把我们往下拉，使我们一直感到情绪低落。因此，监测我们的自我对话并质疑它的合理性会对我们有所帮助。压力日志可以成为掌控我们思维的有力工具。我们来看一个例子：

艾维整个星期都在准备周六晚上出去玩的事。不巧的是，她开口邀请的女孩已经答应了别人（有些已被邀请到另一个女孩的家里，有一个不得不替人照看孩子，还有一个有家庭烧烤聚会）。到了星期六晚上，艾维只好和她的妈妈待在家里，感觉无聊又孤单。她决定使用压力日志来分析这件事。

95

压力日志：艾维

激发事件	周六晚上，无处可去。
信念／想法	我是个失败者，一个朋友都没有。 别人都开心地出去玩了，我是被忽略的。
应该	周六晚上我就是应该出去玩的。
结果	
我的感受如何？	感到孤单和抑郁。
我做了什么？	胡思乱想，吃了一桶冰淇淋。

续　表

质疑	
思维误区	过度泛化、贴标签、非黑即白思维、比较。
替代性的、更平衡的观点	没有人规定每个星期六晚上都必须出去。有时候待在家里也挺好的。
	事实是,我在学校是有朋友的,而且有些周六晚上我也出去玩了。
	待在家里也不会让我成为失败者。我不能因为一个星期六晚上没出门就给自己贴上失败者的标签。
有效行动	因为今晚我待在家里,正好有机会上网和我在英国的朋友聊天。

C. 聚焦行为： 保持活动状态

当我们感到情绪低落或抑郁时,通常认为问题是生活中的坏事情(例如作业太多、和父母的问题、关系破裂、对形象的担忧等)。但问题只是状况的一部分。一旦我们感到情绪低落,抑郁和其他负面情绪就会加入进来。它们会影响我们的专注力,降低能量,减少动力,影响睡眠,使我们以消极的方式看待每一件事。

当我们感到情绪低落时,我们经常放弃做常规想做的事,比如关注朋友动态、运动、看电影或去海滩。我们只是不想做这些事情——觉得做这些事情太费劲了。

虽然这些活动不能解决之前的问题或破解困难局面,但它们可以让我们感觉更好,使我们的生活更好地运转。通过将我们的注意从负面的想法转移到外界发生的事情上,即使情况本身无法改变,这种转移也可以提升我们的情绪,让我们能够更合理地思考,更积极地看待事物,有时还能找到解决问题的方法。

因此,你感觉越低落,保持活动状态就越重要。每天计划一些活动对你会有所帮助,这样你就可以从一开始就知道要做什么。起初可能感

96

觉没有什么意思，但过一段时间你会注意到你的情绪开始改善。

有两种能促进情绪的活动：一种是令人愉快的活动；另一种是给你带来成就感的活动。

令人愉快的活动

做一些有趣的事情将有助于改善你的情绪。有许多让你感觉更好的小事情可以做，比如边听播客边散步，弹奏乐器，和朋友打电话，看有趣的视频，看照片，听最爱的音乐，甚至洗澡。

当你感到情绪低落的时候，计划一些令自己愉快的活动，并提醒自己这个时候就是要对自己好——不要感到内疚！

反思

当你感到情绪低落时，有哪些活动能给你带来快乐，请写在下面：

成就活动

无论我们是否感到忧郁，任何能给我们带来成就感的事情都会提升我们的情绪。成就活动的例子包括：打个电话，打扫房间，做运动，帮助朋友，解决未解决的问题，修复破损的物件，写一封重要的电子邮件或完成作业。选择一些不太难的事情，如果你能够完成它们，就会获得成就感。（请记住，当你感觉情绪很低落的时候，一些平时很容易做的事情往往会变得很难做。）

97

反思

列出可以给你带来成就感的活动：

🔷 其他击败忧郁的策略

设定目标

当我们感到不开心的时候，我们常常觉得困惑，失去方向感。因为我们的心处在混沌状态，所以也不清楚将我们有限的能量引向何处。对此，设定目标既实用，又能提升情绪。

目标可以是短期的，例如你想在今天、明天或本周实现的目标。或者也可以是长期的，例如你希望在未来几个月甚至是明年或两年内实现的目标。当你感到情绪低落或抑郁时，最有用的目标是短期的，因为这些目标可以给你更直接的奖励。

你可以在很多方面设置目标，例如友谊、锻炼、作业、健康饮食、储蓄、运动、压力管理、休闲活动、创造性活动、冥想等。

最好写下你的目标，因为这有助于你记住它们并强化所要达到的目标。

艾莉西亚已经好几周感到情绪低落了，所以她本周设定了以下　98
目标：

- 每天放学后步行半小时；
- 给最好的朋友艾玛打电话；

- 预约学校辅导员；

- 周六下午和妹妹路易莎以及她的朋友安格斯一起去看足球。

几周后，艾莉西亚的情绪有所改善，于是她着手规划一些长期目标，包括：

- 为参加 8 月份的公益跑而健身；

- 为 11 月份的 17 岁生日计划烧烤聚会；

- 了解从事新闻业而需要准备的东西。

"设定目标"为我们提供了一些要去完成的事情，同时也给了我们一种完成目标的满足感。

当我们感到情绪低落时，即使是最小的任务也会让我们感到压力。因此，一开始最好设置小而简单的目标。如果你感觉目标太困难，请将其分解为一个个小步骤，然后逐步完成每个步骤。（另见第十三章"设定目标"。）

丹对他的学业感到沮丧，因为他今年选择了一些很难的课并且学得很吃力。这使他坐在桌前无所事事而不是学习功课——他就是无法开始。最后，他决定通过将任务分成小步骤（"迷你目标"）并逐步完成每一个步骤来解决这一问题。他的第一个迷你目标是：阅读教科书第三章五页；第二个迷你目标是：写下所读内容的简短总结；第三个迷你目标是：再读一遍总结。从简单的目标开始这种方式让丹有了成就感，也给了他承担更具挑战性的任务所需的心理动力。

🏵 练习正念

经常练习集中冥想（concentration meditation）可以减少痛苦的情绪，并以平静的感觉取而代之。这种技巧是指将你的注意力集中在一个简单的目标（通常是你的呼吸）上，一旦有思绪进入脑中，就不断将注意力转回到你所聚焦的目标上。每日冥想可以帮助你管理烦躁的情绪，让你更充分地体验这一时刻，而不是迷失在关于过去或未来的想法之中。

除了集中冥想之外，正念练习最有用的一个方面是学习不评判我们当下的经验。无论我们注意到什么——不管是负面的想法、胸部的紧张，还是悲伤、绝望或抑郁的情绪——我们都以开放和接纳的心态观察它们。我们并不试图阻止这些感受，而是充分体验并充满好奇地观察它们，同时停在当下，不做评判。虽然这听起来像是一件奇怪的事情，但大多数人都觉得这个过程可以让自己平静。很多时候，当我们不再试图抵制令人不安的情绪时，我们反而给了它们自行离开的空间。

当我们面对日常生活时，正念觉察也会让我们注意到那些不断涌入我们脑海中的各种想法。你可能会注意到在你的脑海中有许多待办事项、担忧、反刍思维以及一些具体的问题。认识到我们所体验到的只是想法而非"事实"或"现实"是有益的。当我们的情绪低落时，大部分想法都是负面和悲观的，但它们仍然只是想法而已，当情绪发生变化时它们也会改变。与此同时，把注意力转移到当下，即正在经历的事情上。短时间后，你可能会陷入更多的负面想法和反刍思维之中。但当你意识到这一点，只需承认，"哦，这是更多的反刍思维"，或"我的大脑正在产生更多的负面想法"，同时将你的注意力转回到现在正在做的事情上。观察和标记自己想法的过程有助于与它们分离，并逐渐将我们带回当下。

除了想法之外，你可能会注意到沉重和疲劳、焦虑、烦躁、悲伤和内疼的情绪，还可能会注意到胸部沉闷、心里七上八下或肌肉紧绷。不管是什么身体感觉伴随着情绪，尽量不要抵抗，而是要带着好奇和接纳去观察它们，让自己放松地进入这些情绪和感受并顺其自然。当我们允许自己去体验让我们不安的情绪和感受而不是和它们对抗时，它们往往会自行离开或改变。（另见第十章"正念"。）

沟通： 和你的朋友或家人谈谈

当我们感到沮丧时，我们常常想要回避人群。这是一种正常但无益的反应。即使你可能不想与人为伴，也不要屈从于这种感觉。在与某人（最好是你觉得亲近的人）谈论了你的问题之后，你会感觉更好。与家人和好朋友交谈会有所帮助，因为你知道他们关心你。他们也会安慰你并能提供切实的帮助，让你对自己感觉更好，并鼓励你以更积极的方式看待现状。

如果你无法与家人或朋友讨论你的状况，请和你信任的成年人沟通，例如学校辅导员、老师或家庭医生。

锻炼

锻炼会促进内啡肽（endorphins）的产生，它是一种可以提升我们的情绪并给我们一种天然幸福感的脑化学物质。经常锻炼也有助于我们建立健康的自尊并从负面的想法中抽离出来。如果你此刻还没有做任何锻炼，尝试寻找你喜欢的活动。只要能动起来，做什么都可以。当你感到情绪低落时，尽量每天或经常锻炼。（另见第十四章"自我照顾"。）

保持健康的生活方式

一般来说，对身体健康有益的事物也会对我们的心理健康有益。一

个重要例证是最近的研究表明,健康均衡的饮食对于身心健康都很重 *101*
要。这意味着要最大限度地减少加工食品的摄入,多吃新鲜食物,尤其
是水果、蔬菜、豆类和坚果。摈弃不健康的生活方式,比如饮酒、吸烟或
睡眠不足等,可以改善情绪,增强能量水平和活力。你对你的身体好,它
就会对你好!(另见第十四章"自我照顾"。)

 ## 预防未来的发作

以下问题用来让你思考忧郁或抑郁可能的触发因素,以及通常的反
应方式和将来可能使用的有效策略。在下面写下你的答案并时常拿出
来看看,特别是当你感到沮丧的时候。

1. 列出将来可能引发忧郁或抑郁的各种事件。

2. 之前当你一直感到情绪低落时,你会有什么类型的想法?

3. 这些想法现在看起来合理吗? 想一些更合理的自我对话。

4. 当你感到沮丧时,你会做什么? 会有什么变化? *102*

5. 列出在下一次感到沮丧时有用的行为。

6. 你还可以做些什么来帮助自己感觉更好(例如设定目标、锻炼、做一些活动、与某人交谈、练习正念觉察等)？

7. 当你感到沮丧时，你可以向哪些人寻求支持？列出每一个你能想到的人。

关于生物学和心理健康问题的结论

某些类型的抑郁症受到生物学特点的强烈影响。大约有 5% 到 10% 患有抑郁症的人是忧郁型抑郁(melancholic depression)，这意味着生物学起着重要的作用。(在这些情况下，家庭成员中经常会有抑郁症的病史。)此类抑郁症可能由压力事件引发，但有时候会毫无征兆地出现。这类抑郁症是比较严重的，而且对单独的自助或谈话治疗没有反应。药物治疗加谈话治疗通常可以达到最佳效果。

生物学因素在双相障碍(bipolar disorder)中也起着重要作用。双相障碍在人群中的发病率高达 5%，并且经常在青少年期出现。作为双相障碍一部分的抑郁发作通常是忧郁型的(melancholic)，因此也很严重。

103

除了抑郁症状之外,双相障碍患者可能偶尔会有一段时间(几天或更长时间)感到精力特别充沛,过于兴奋,并且几乎不需要睡觉。在此期间,他们可能做事非常富有成效,充满想法,并对自己的成功信心满满。虽然在这种状态下通常感觉良好,但他们也可能容易发怒而且爱和人争论。一些具有双相障碍的人多年未被正确诊断,这是一个问题,因为准确的诊断对于有效治疗很重要。

大约 3% 的人在他们生活中的某个时间段经历过精神症状发作(psychotic episode)。第一次发作通常在青少年晚期或二十出头,可能由药物或严重的压力引发。这可能是潜在疾病(比如精神分裂症或双相障碍)的一部分,或者可能是不会再出现的单一发作。如果此人已经具有生物易感性,那精神症状发作的可能性会增加。

在精神症状发作的时候,人会与现实失去联结。他们可能会体验到妄想(错误的信念,例如,觉得特工正在跟踪自己或认为自己有神奇的力量)、幻觉(例如,看到、听到和/或感觉到不存在的事物)和思维混乱(例如,注意力无法集中或跟不上对话,或以一种毫无意义的方式说话)。他们也可能表现得很奇怪(例如,对不好笑的事情感到好笑)。

同忧郁型抑郁以及双相障碍一样,有精神症状的疾病通常使用药物治疗,并与谈话治疗相结合。

如果你体验到此处描述的任何症状,那么与心理卫生专业人员(辅导员、心理学家或精神科医生)交谈是至关重要的。他们会进行评估,解释正在发生的事情并推荐控制症状的最佳策略。

🔶 寻求外界援助

104

不管抑郁主要由心理因素还是生物因素引起,通常很难自己处理。虽然本书中描述的策略可能会有所帮助,但是当你感到抑郁时,这些策略通常难以实施。如果你发现一些简单的事情都很难做，比如下床或上学，或者你发现自己想要自杀或伤害自己，那么告诉你信任的人并立即寻求帮助是至关重要的。和你的父母、老师、学校辅导员或全科医生讨论你的感受。让你的全科医生推荐一位心理学家或精神科医生，你可以和他谈谈你的状况。

你也可以拨打以下电话寻求帮助：（澳大利亚）儿童求助热线 1800 551 800 或生命热线 13 11 14。①

 简言之……

- 悲伤或忧郁是我们对生活中出现糟糕事情时的正常反应。而抑郁更加强烈和持久，可以影响我们的动力、食欲、睡眠、注意力和做决定的能力。
- 当你感到情绪低落或抑郁时，重要的是继续做事——与人交谈并保持活动状态，待在床上或者看几个小时电视会让你感觉更糟。
- 其他有用的策略包括问题解决、锻炼身体、设定目标，以及挑战那些让你持续感觉情绪低落的负面、自我击败的想法。
- 抑郁是不可能突然好转的。如果你感到抑郁，最好找人谈谈，例如你的父母、老师、辅导员或家庭医生。

---

① 在国内，可以拨打以下电话寻求帮助：青少年服务台 12355，或希望 24 热线 400 - 161 - 9995。——译者注

第九章
自尊

我们都有对自己感觉不好的时候，比如，当不太满意照片中自己的样子时，你可能会缺乏自信；或者在一段友谊结束后，可能就会开始自我怀疑。

在青少年时期，我们经常会问自己："我足够好吗？我怎么和别人比？"由于身体、情绪发展和社交环境的变化，许多青少年对自己的评价时高时低。关于身份的问题是很常见的，例如："我是谁？""我适合哪里？"尽管大多数青少年有时不太喜欢自己的某些方面，但"自尊"一词指的是更广泛的概念。

我们的自尊是指作为一个人，我们如何看待和感受自己，是我们感知自身价值的方式。如果你有良好的自尊，你会相信你和其他人一样"好"。而低自尊意味着感觉"不好"——这是一种你不如别人的感觉，或你觉得自己没有达到某种标准。低自尊的人倾向于关注并放大自己所认为的缺点和弱点，忽视自身的优点和正向品质。这如同照镜子时看到一张变形的图像一样——有点像在游乐场的哈哈镜里看到扭曲的自己。

里基的自我对话是不断地贬低自己。他经常告诉自己他很丑，说话也很蠢，没有人可能会喜欢他。他总是把自己与别人进行比较，最后感觉自己不够好："那个人看起来比我好多了。""为什么有人会对我感兴趣？"他总是自我批评，很少承认自己的正向特点。当事情进展顺利的时候，里基却告诉自己这只是运气或是侥幸——他从不相信自己！奇怪的是，事实上里基非常招人喜欢，但他没有看到这一点。

影响自尊的因素

我们感知自己的方式受到自身气质以及从幼时到现在所经历的许多事情的影响。

气质

气质（temperament）是我们天生就具有的，是人格的一部分；它是生物学的产物，而非环境的产物。它包括我们的情绪反应有多强烈，是害羞的还是外向的，是愿意坚持还是容易变得焦虑或烦躁。气质可以影响我们对周围情境的反应以及我们如何与他人互动，也会影响我们看待自己的方式。例如，害羞或天生比较压抑的人倾向于独处，所以可能很少与其他人积极互动；易怒的气质可能会导致与他人的冲突，可能会影响与别人的关系；容易产生负面情绪反应的人会在同他人比较时觉得自己不行。

生活经历

童年时期情感或身体上的忽视或虐待可能会对我们现在感知自己的方式产生负面影响。这样的经历会使人形成诸如"我不可爱""我活该受到惩罚"或"我应该有什么问题"等信念。

如果你感知自己的方式受到此类事件的影响，那么处理这些问题会

107

很有帮助。理解那些影响你看待自己方式背后的因素对于你的心理疗愈很重要。如果你处在这种情况下，请向受过训练的专业人员（如学校辅导员、心理学家或精神科医生）寻求支持。与专业人员交谈可以帮助你理解发生的事情，还可以使你更充分地明白过去发生事情的责任应归于当时可以掌控你的人。

社会影响

我们对自己的感知可能受到我们与其他人的互动方式以及他们对待我们的方式的影响。

家庭互动

从生命的早期开始，我们就通过与最亲近的人的关系来发展自我感。家庭互动，即我们与父母、兄弟姐妹和其他家庭成员互动的方式，塑造了我们的自我感。被无条件地抚养、照顾和爱（即使你做错了事）会给你一个"我很可爱——我很好"的信息。相反，如果父母抱着不切实际的期望，总是批评你或者将你与别人进行负面比较，会给你一个你不够好的信息。如果你生长在一个很少被鼓励或被关注的家庭，或者让你感到被遗忘或被完全控制的家庭，可能会使你产生负面的自我信念，例如，"我不够好"，"我不重要"，或"我是一个失败者"。一个冲突不断或严重破裂的家庭也可能影响你对自己的信念，尤其是如果你将责任归于自己。当我们年幼时，很难理解这是成年人自己的问题，而不是我们的错误或责任。

同伴关系

在青春期，我们与朋友的关系扮演着越来越重要的角色。因为我们要努力发展自我感以及确认自己适合什么样的群体，所以我们通过与朋友的互动来获得反馈。当我们得到"我很好——我属于"这样的信息时，会感到自己是被接受、有价值的，是团体的一部分，这些都可以增强自尊。相反，被拒绝、被孤立或不被欢迎的情况会传递出相反的信息，并削弱我们的自尊。

> 塔杰多年来一直是朋友里的核心成员。然而，自高中开始，他感觉与朋友的联系不那么紧密了。他们开始在午饭时与另一群人一起出去玩，而塔杰和这些人待在一起时感到有些别扭。他们会参加聚会，和女孩约会，但这些都不适合他。当塔杰试图与他的朋友谈论他对电影制作的热情和喜欢的音乐时，他们会笑他品味"怪异"。塔杰感到附和他们认为"酷"的事情很有压力。渐渐地，他对自己感到非常失望，因为他认为："我是一个奇怪的人，我是有问题的。"

> 萨斯基娅在社交方面感到困难。因为转学，她很难找到和她一下子就处得来的朋友。在她看来，她与学校里的其他女孩很不同。她们看起来都比她更聪明、外向，而且穿着时髦，在周末尽情享受各种乐趣。萨斯基娅没有被邀请参加她们的社交活动，同时觉得在学校里找人闲逛会尴尬。于是她认为："我不适合这个地方。"

外表

我们看待外表的方式会影响自尊，尤其在青少年时期。"身体形象"（body image）是你看待和感受自己外表的方式。负面的身体形象不仅仅是对外表感到有点难为情，而是整体上对身体和外表感到不满和不悦。

考虑到青春期的身体变化以及不断想要融入社会群体的愿望,许多青少年纠结于外表并不是稀奇的事。而对于比朋友或同伴更早或更晚发育的男生女生来说,身体形象通常会是个问题。例如,如果你是一个已经进入青春期的女孩,同年龄的大多数女孩的乳房还没有发育或者月经还没有来,而你已经提前经历,你可能就会感到难为情。同样,比大多数同伴更晚发育的男孩,可能会觉得自己不如那些较早发展出更多"成人"体貌特点的同伴。青春期的其他身体变化,如体重增加或长青春痘,也可能会影响自尊。

本的皮肤容易长青春痘。他经常将自己与他看到的周围其他男生以及媒体上帅气的男生进行比较,发现他们的皮肤都很光滑!每当电视上出现治痘痘的广告时,他的注意力都集中在身体形象上,有痘痘的人看上去是不开心和孤独的,而那些皮肤光滑的人则被描绘成有很多乐趣,被朋友包围,看起来充满自信的样子。结果他形成了"我很丑,也不如别人"的信念。

媒体信息

每天我们都会接触到关于我们应该怎样、长得怎样、做得怎样以及达到什么标准才能被视为"成功"的信息。报纸上有 12 年级的"高成就者"名单(传递着"成为顶尖学生就等于成功"的信息),还有由于体育成就或个人魅力而被推举为英雄的个体。在社交媒体上,人们根据他们拥有的"粉丝""好友"或"点赞"的数量来获得声誉,名人们通过幕后故事描绘他们貌似完美的生活(传递着"如果你像我一样美丽或有才华,你就会快乐并拥有一切"的理念)。

这些信息背后的主题是："每个人都比我做得更好!"如果我们毫不犹豫地相信这些信息，最终会感到自己能力不足。事实上，社交媒体所展示的生活是不完整、有偏见和不切实际的，所以要成为一个带有批判思维的消费者，对你所看到的东西保持怀疑。

社会标准

110

如果我们发觉自己没有被更大的团体接纳、重视或尊重，就会感觉像是局外人，这将对我们的自尊产生负面影响。

阿玛拉是穆斯林，但她住在一个穆斯林家庭很少的地方，而且在学校，她是唯一一个戴头巾的女生。阿玛拉注意到人们总会看她。当她去商店、餐馆或乘坐公交时，她觉得人们对待她的方式是不同的，她担心别人会对她有负面的猜测。她感到不舒服，而且常常觉得自己不适合这个地方。

约翰从小就知道自己被其他男性所吸引。他热爱足球，但在俱乐部里以及队友之间经常会出现关于同性恋的玩笑和贬低同性恋的评论。在学校里，男生也经常使用"homo"和"gay"这样的蔑称。约翰家人参加的教会也将同性恋视为"罪恶"。因为他的性取向，约翰把自己看作是"不道德的"，"不可接受的"。

反思

尝试识别和理解可能对你的自尊产生影响的任何因素(不管是当前的还是过去的)，这会对你有所帮助。列出任何你能想到的：

低自尊的影响

低自尊(low self-esteem)会影响我们生活的各个方面：我们如何感受，我们如何与他人互动，以及我们如何照顾自己。以下是一些与低自尊相关的常见行为。

努力取悦他人

感觉自己不够好会影响我们与他人的行为方式。例如，你可能会发现自己不够自信(不能说出你真实的想法、感受，或想要什么)，而是努力取悦别人。你可能太热衷于和别人保持一致而不管自己的真实想法是什么，或者因为担心别人会不喜欢你而很难对别人的请求说"不"。如果你认为自己没有什么可以提供的，可能就会尝试通过帮他们的忙来获得友谊，或允许他们"踩在你的头上"。

> 伊莱总是对自己评价很低。他很害羞，在小学时常被欺凌。现在他还是有交友的困难，因为他总觉得如果是自己这样的性格，没有人会喜欢。结果，每当他遇到陌生人时，他都会尽力取悦对方。他对别人的每件事都表示赞同，对别人提出的任何要求都会迎合，努力模仿别人的穿衣风格、发型和兴趣爱好。可惜的是，别人反而觉得他的行为很讨厌，许多人试图远离他。这种感知到的拒绝让伊莱更加没有自信，于是更加努力地迎合他人。

完美主义

感觉不足会促使一些人努力在一个或几个领域中做到最好。完美

111

主义通常是一种试图弥补不足的方式。

虽然努力去实现有意义的目标或追求卓越通常是积极的和有价值的，但在极端情况下，过高的标准往往会产生问题。完美主义的态度通常是不灵活的，因为基于这种态度，我们相信事情"必须"是完美的。这会使人产生焦虑，并很难对自己的成就感到满意，因为总有更好的可能。在追求完美的过程中，你可能会在某个任务上花费太多时间，而几乎没有时间去做其他重要的事情，比如锻炼、和朋友聚会、放松、阅读以及其他休闲活动。完美主义产生的不平衡的生活方式在心理上是不健康的，可能会让你感到孤独和不满。

112　　　　蒂根一直觉得自己能力不足。她给自己设定了不切实际的期望，并且在未能达成时对自己非常苛刻。蒂根认为"我必须在所有科目上都要超过95％"，为了实现这一目标，她每天都学到深夜，所有周末和假期也不休息。她感到压力很大，经常疲惫不堪。如果她没有达到自己的预期，就会觉得自己是个失败者。即使她做到了，也只感到片刻的轻松，然后又开始给自己压上下一个任务。蒂根的完美主义还扩展到许多其他地方，包括她的体育成绩、穿着和体重。这让她不能松懈，因为她相信她总是可以做得更多。尽管蒂根的完美标准是低自尊的结果（她一直试图证明她的价值），但这些标准也维持了她的低自尊，因为她从来没有感觉到足够好。

自我照顾不足

如果你认为"我无所谓"或"我不重要"，这可能会影响你照顾自己的意愿。例如，你可能会觉得吃得好、经常锻炼或对自己好是没有意义的。无价值感会让人把自己放在不被尊重的情境中，或做出使自己的安全或健康受到威胁的行为。

埃尔卡有一种根深蒂固的信念：她毫无价值。因此，每当她去参加聚会时，她都会喝很多酒，因为这才会让她感觉放得开。通常她会因喝醉而受伤、昏倒或呕吐。第二天，她的心情会跌入谷底。因为她不仅宿醉，而且喝醉时所做糗事和所拍照片也让她感到尴尬。这加剧了她的信念，即"我有严重的问题"。

反思

如果低自尊对你来说是个问题的话，它会如何影响你的行为？

自我实现预言

因为信念直接影响我们的行为，所以低自尊可能导致恶性循环。如果你认为自己不好，就会影响你在别人面前的表现；而这种表现会影响他们对你的反应方式，可能反过来又强化了你对自己的负面看法。

萝伦因为感到自己能力不足，所以常常回避人群而给人不友好的感觉。她与人交流时没有眼神接触，没有笑容，也不会主动搭话，这使她看起来拒人于千里之外，因此别人也不会努力对她表示友好。萝伦注意到了别人的不友好，因此"自己不招人喜欢"这一信念被强化了。这成为一种"自我实现预言"（self-fulfilling prophecy），因为萝伦对自己的负面信念影响了她的行为，而这种行为反过来影响了别人对待她的方式。

劳伦的自我实现预言

信念：我不够好。

▼

行为：不主动搭话或者没有眼神交流。

▼

反馈：别人不会努力对她示好。

▼

感知：别人不喜欢我；我不够好。

（之前的信念被强化。）

114   为了切断这个过程，我们需要有意识地关注我们的行为传递给他人的信息，并在可能的情况下对其进行调整。（参见"思考如何沟通"，第113 页。）

🛡 建立自尊的策略

有些人错误地认为高自尊意味着自满和傲慢——事实并非如此。拥有健康自尊的人不需要告诉别人他们有多好，因为他们已经对自己感觉良好。事实上，往往是低自尊的人才倾向于吹嘘自己或欺负别人。因为他们感觉到自己的无能，所以需要通过贬低别人来抬高自己。

健康的自尊有许多好处，例如在他人面前感觉自信和放松，有良好的人际关系，并且在承担社交风险时也感觉没有大碍。当然，高自尊不可能在一夜之间达到，这是随着时间推移逐渐建立起来的。以下是一些有效的策略。

问题解决

如果你的生活中存在影响你自尊的情形,问问自己:"要想改变现状,我最好要做些什么?"如果你不确定,请尝试使用第十一章的循序渐进的问题解决策略。

奥莱娜在学校被两个女孩欺凌,这对她的自尊产生了负面影响。虽然奥莱娜最初不想让父母担心,但她最终还是对妈妈和盘托出了。她的妈妈非常担心,经过长时间的讨论后,她们想出了各种各样的行动策略。首先,奥莱娜保存了那些女孩在社交媒体上发布的关于她的辱骂性评论的截图(以便未来需要,可将其作为证据)。接着,她屏蔽了她们的帐号。然后,奥莱娜的妈妈打电话给校长,让其关注这个问题,并确保能采取适当的行动。根据学校的反欺凌政策,这两个女孩由一名资深教师处理,以观后效。此外,奥莱娜定期与辅导员会面,讨论应对欺凌行为的方法(例如,保持自信的肢体语言并不做出反应),质疑所具有的"自己不好"的信念。辅导员让她与一位高年级同学结对,以便在学校给予她一些额外的支持。辅导员还解释了更多关于欺凌行为的原因(包括有些人喜欢把自己的快乐建立在别人的痛苦之上,有些人想通过欺负别人来与他人保持联结,有些人这样做是因为他们感觉不安全并且想让自己感觉高人一等)。通过与辅导员的讨论,奥莱娜对自己感觉好多了,她终于明白那些女孩的欺凌行为反映了她们自己的问题,而不是因为她自身(指奥莱娜)的不足。

115

思考如何沟通

我们与其他人沟通的方式反映了我们是如何看待自己的。当我们能以清晰、自信的方式告诉另一个人我们的想法、感受或需要时，其言外之意是："我很重要。我的意见和需要与其他人一样合理和重要。"自信的沟通会让别人尊重我们，并在平等的基础上建立关系。（另见第十二章"沟通"。）

沟通不仅通过我们的话语产生，还可通过行为举止、身体语言和语气等非言语方式产生。当我们的非言语沟通表现出自信时，我们就在表达自尊。自信的身体语言包括挺胸，双手自然放松（手臂不要防御性地交叉在胸前），背部挺直。我们与他人能够有眼神交流，说话时使用清晰而友好的语气（而不是低头看着鞋子，说话支支吾吾）。我们还可以使用善意的表达，例如微笑，向对方询问近来如何以及他们对某事的看法。

身体语言和行为举止可以充分表明我们内在发生了什么。采用自信的姿态和语气可以提升我们在社交场合的信心水平。

处理导致低自尊的思维误区
116

在第三章中，我们看到了各种情况下使我们产生不必要困扰的思维误区。其中，某些类型的思维误区会直接影响自尊，包括贴标签、过度泛化、个人化、比较和"应该"。

贴标签

当我们没有达到自己的期望时，很容易在某种程度上将自己标记为"有缺陷的"，可能会使用"白痴""失败者""输家""无望的""丑陋的""无用的"等标签。

因为贴标签本质上是过度概括，所以是不合理的思维误区。基于某一特定属性或事件来概括个人整体是不合逻辑的。我们每个人都是具有不同特点、品质和行为的复杂混合体,这些是不能被一个标签所概括的。

对于贴标签,有种简单的解决办法,即具体化(be specific)。每当你发现自己给自己贴标签时,就用具体的语言重述你的评论。下表展示了一些例子。

避免贴标签——具体化

贴标签	具体事实
我很笨。	我不擅长物理和化学。
我是个失败者。	我有时会犯错误。
我是个胖子。	我比理想体重多三公斤。
我在社交方面很没用。	我和那些不熟悉的人在一起时会感到害羞。
我失败了。	我没有得到所申请的两个假期工作。
我失败了,因为我很笨。	我失败了,因为我没有好好学习,而且数学不是我强项。

过度泛化

当出现问题时,你可能倾向于对自己进行过度概括,比如,"我做的一切都失败了","没有人喜欢我",或"我总是犯愚蠢的错误"。过度泛化是不合理的,因为你做出了远超目前情况的全面否定的结论。解决过度泛化的方式还是具体化——忠于事实,举例如下。

避免过度泛化——忠于事实

过度泛化	具体事实
我觉得自己太傻了。	我说的有些话可能听起来很傻。
没人喜欢我。	班里有三个女生不喜欢我。

117

续　表

过度泛化	具体事实
我做的每件事都没希望。	我没有通过英语考试，我的历史作业也表现得不如我所希望的那么好。
我完全考砸了。	考试中我只有一个问题弄错了。
我浪费了一天，却什么都没完成。	我有些分心，比计划完成的要少。

个人化

当使用个人化思维时，我们会对不是我们犯的错误负责，或者在没有考虑所有其他事实的情况下怪罪自己。为避免个人化，你需要保持客观。下表展示了如何挑战个人化思维的例子。

避免个人化——保持客观

个人化	客观事实
他们没有来参加我的聚会，是因为他们不喜欢我。	他们没有来参加我的聚会，是因为我邀请他们的时候太晚了，他们已经有了其他的安排。
我没有与他们联系，是我有问题。	我不和他们联系，是因为我们考虑问题的方式不同，价值观也不一样。
她在我的聚会上感到尴尬，这是我的错。	她在我的聚会上感到尴尬，我对此感到抱歉（但这不是我的错）。
他不是很友好，显然是不喜欢我。	他不是很友好，但其实他本来就脾气不好，又赶上那天过得特别糟糕。
我的父母正在办理离婚——这是我的错。	我的父母正在办理离婚——他们从来没有办法好好相处。

118

比较

如果我们在某些方面感到能力不足，就会倾向于找其他人进行比较。许多青少年会在以下方面与他人进行比较：相貌、成绩、运动能力、朋友数量、穿着、家庭，甚至个性。

- 艾伦心想："瞧瞧人家鲁迪与女生讲话多容易，我就做不到。"
- 雷纳特心想："夏洛特的作业做得很好——我的就无可救药了。"
- 萨曼莎心想："莎朗好自信和外向啊——跟她比，我太安静了。"
- 斯皮罗心想："吉姆真壮——我瘦得像根杆子。"

比较的问题在于，总会有人看起来比我们做得更好，因此我们不可避免地感到自己不够厉害。事实上，人们的优缺点各有不同，专注于其他人的优势会给我们自己带来不切实际的期望。而且，我们也不是总能了解他们生活中真正发生了什么。有时我们认为别人的生活看起来那么完美，但这可能是完全错误的。

如果和别人比较可以给你鼓励或把他作为榜样，那么这是可以的，但如果和别人比较会让你感到自己很糟糕，那么这种比较是不健康的。与其将自己与他人比较，不如反思并确认自己的优势，抱着合理的期待，设定与你有关且能够改善你生活的目标。

应该

在第四章中，我们谈论了"'应该'的枷锁"。这包括我们应该怎样或不应该怎样的信念，或我们应该做或不应该做的事情。我们的"应该"越固化，我们就越可能感到能力不足。对自己苛刻的期待会让我们总是批评自己，并对自己感到不满意。

影响自尊的"应该"体现在表现、成就、外表和人际关系等方面。以

119

下是一些可能导致低自尊的"应该"。

表现

我应该总是在每件事上都做得完美。

我应该永远都不犯错误。

我应该一直都不辜负父母和老师的期望。

我应该擅长体育运动。

成就

所有的考试我都应该超过 90%。

我应该喜欢我选择的课程。

任何我尝试的事情都应该是成功的。

外表

我应该苗条而有魅力。

我应该又高又壮。

我应该有不错的皮肤状态。

人际关系

我应该被很多人喜欢和认可。

我应该有很多朋友。

我应该是外向的。

当我们辜负别人期望的时候，"应该"会让我们感到自己不够好。当然，这并不意味着我们不应该去尝试改善自己或朝着目标努力，其中的挑战在于要保持灵活性。也就是说，即使我们没有达到所有期望，也要能够接纳自己。通过将"应该"转换为"倾向"，我们可以专注于特定目标，即使我们无法实现这些目标，也能避免不必要的困扰。

质疑无效的"应该"的一种有效策略是：在陈述中包含"我倾向于……但是……"的语句，如下表所示。

把"应该"转换为"倾向"　　　　　　　　　　　　　　　　　　　　　*120*

应该	倾向
我尝试的每件事都应该成功。	我倾向于在所有目标中都取得成功，并且会尽我所能，但是有时候这是不可能的。有时达不到目标是正常的，也是人之常情。
我应该有很多朋友。	我倾向于有很多朋友，但是不管朋友多还是少，都可以。
我应该擅长体育运动。	我倾向于自己能擅长体育运动，但它不是我的强项，对此我也能接受。
我应该一直让我的父母和老师开心。	我倾向于让我的父母和老师开心，并且大多数情况下我做到了。但是即使我不能总是达到他们的期望也没关系。
我应该永远都不犯错。	我倾向于不犯错，但是即使我有时犯错，也并不意味着我是无可救药、能力不够或愚蠢的。
我应该瘦一些。	我倾向于瘦一些，但我也能接受自己有一个壮实的身体，瘦对我来说是不能立即实现的。

使用压力日志质疑无益的想法

当你感到自己很糟糕的时候，通过压力日志进行调整会很有用。它可以指导你挑战导致低自尊的无益想法。

艾比一年中的大部分时间都在苦学数学，但她发现班上的其他学生似乎很容易就能理解那些数学概念，这让她感到更加缺乏信心。对此，艾比填写了压力日志。

121	激发事件	坐在数学课堂上，发觉数学太难了，我弄不明白。
	信念/想法 应该	我好笨，已没有指望了。别人都可以，但我却不行。 我应该能够做到的。 我应该可以理解那些数学概念。如果我做不到，就意味着我又笨又没希望。
	结果 我的感受如何？ 我做了什么？	感到缺乏信心、抑郁。 放弃，坐在那里在本子上乱涂乱画。
	质疑 思维误区 替代性的、更平衡的观点	贴标签、比较。 我不笨，但是我并不擅长数学。 这门学科我学起来一直都挺不容易的，我觉得它很难。我有其他优势，特别是在创意领域。 我会继续在数学上努力，尽量保证今年能够通过。但是我的数学能力不强并不能说明我整个人不行。
	有效行动	和数学老师谈谈，向其解释我的困难并寻求额外的帮助。此外，向朋友请教具体的数学问题。

练习：放下自我批评的偏向

我们的信念会影响我们的思维方式，也会影响我们如何调节注意力。一旦我们相信某事，就会不断地注意到那些可以证实信念的事物，而忽略那些可以反驳这些信念的事物。这叫作思维上的"偏向"（bias）。如果你的自尊心较低，则更有可能注意并回忆起那些能够证实自己负面看法的事情，而忽略或忘记与该看法不符的经历。

要克服负面的偏向，想想过去积极的、被肯定的经历会有所帮助。这些经历包括当你成功时，与他人建立联系时，感到有归属感时，完全接纳自己或对自己感到自豪时。只要你记住某些例子，就可以学习一些策略，以便在遇到问题时首先想到这些积极的体验。

123   下面的练习会帮助你专注于积极体验的记忆，从而扭转对消极看法的偏向。最好花几个小时来完成前三步，你找到的细节越多，练习的效果就越好。

练习

1. 从以往经历中找五件让你对自己感到满意的事情。例如，为自己完成某件重要的事情而感到自豪，自己对某人而言很特别，或在某个团体中感到受欢迎和被接纳。

尽管可能一开始想不起什么事，但大多数人发现，如果花时间好好思考一下，他们通常会想出过去有许多类似的事件。（如果你怎么也想不出来，与家人或相熟的人聊聊可能会有助你想出一些例子。）

2. 对这五件事进行详细描述。这部分工作是最耗时的，但是值得花费时间和精力（而且大多数人实际上喜欢写过去积极的和被肯定的情形）。为了更加生动化，请尝试记下有关每件事的尽可能多的详细信息。例如，你穿的是什么式样的衣服？那天的天气如何？你还能记得任何特别的气味或声音吗？

3. 在详细描述了关于这五件事的记忆之后，给每件事定一个简单的题目。例如：

a. "来自赛艇队的盛赞"

b. "两年前的演讲之夜"

c. "托尼说我是他最好的朋友"

d. "与英格丽及其兄弟一起从学校放学回家"

e. "斯图尔特邀请我加入他们的队伍去参加校际编程挑战赛"

在下面的空白处写下你自己五件事情的题目：

a.

b.

c.

d.

e.

4. 接下来这个任务听起来可能有些奇怪，但实际上是一种非常有力的强化记忆的方法，而这些记忆是你想要反复记住的。这被称为位置记忆法（method of loci），是指把每个记忆同每天（或定期）经过的特定位置联系起来。

把你每天上学和放学（或上下班，或去其他经常去的地方）所走的路线进行可视化，描绘沿途经过的所有地标。现在简要描述其中的五个地标，例如：

a. 有大炮的公园

b. 泰国外卖店

c. 邮局

d. 大桉树

e. 门前有只叫得很厉害的狗的房子

我路过的五个地标：

a.

b.

c.

d.

e.

5. 现在是最有意思和最有创意的部分了！将列表中的第一个地标可视化，并运用你的想象力，将该地标和你在第三步中列出的事件之一联系起来。这种联系不必是现实的，实际上，它可能是荒谬或离奇的。你只需要把回忆事件和你经常路过的地标联系起来。

例如：

- 你可能在心里想象有大炮的公园，看到自己在大炮前做演讲之夜的演讲。
- 你可能在心里想象邮局，想象你的赛艇队走进去为参加奥运会填写注册信息。
- 你可能在心里想象大桉树，看到托尼坐在下面说你是他最好的朋友。
- 你可能在心里想象与英格丽及其兄弟一起从学校放学回家，还一起吃着从外卖店买的泰国食物。
- 你可能在心里想象那座门前有只叫得很厉害的狗的房子，看到你的编程队正在编程，有只狗快乐地坐在他们旁边。

请注意，每个回忆事件和与其匹配的地标之间的联系不需要任何逻辑关系。即使这种联系非常怪异，当你路过地标时，你的大脑还是会提示你进行这样的联系。如果你经常路过这些地方，这些记忆将得到多次强化。

尽管有些奇怪，但这个练习可以对你的思想内容产生深远的影响。它能提示你记起你常会忽略的事件，这样有助于消除伴随低自尊的负面思维偏见。同时它还提供了一种很好的途径，让我们可以洞察我们的心理是如何运作的。

124

记录长处

另一种有助于改变认知偏向（cognitive bias）的方法是记录你的长处，同时加上证明自己长处的证据。首先，找出至少五项长处或积极品质。然后，对于每一项长处或积极品质，请用两个最近发生的事例加以证明。这些例子不一定是大事，即使是小事也会有所帮助。

例子：伊娃的列表

长处/积极品质：坚持

1. 在学校野营中完成徒步任务（即使我已筋疲力竭！）。

2. 尽管我觉得英语很难，但这个学期我还是付出了巨大的努力，并成功通过了考试。

长处/积极品质：体贴

1. 我在妈妈去面试的路上给她发短信，祝她好运——我知道她有多紧张。

2. 卢非常喜欢生日那天我送给她的蓝色项链——我之所以选择它，是因为我记得她最喜欢的颜色是蓝色。

长处/积极品质：有趣

1. 前几天，当我告诉他们我的"狗"的故事时，每个人都被逗得哈哈大笑。

2. 丹妮尔说，听到我的歇斯底里的笑时她也会笑（以一种积极的方式）。

长处/积极品质：身体强壮

1. 我一直坚持我的锻炼计划,感觉自己更健康了。

2. 昨天即使海浪很大且回流很强,我还是能用我的冲浪板划出了一条路。

长处/积极品质：善良

1. 前几天,当我看到一个小孩从踏板车上摔下来时,我本能地跑过去帮助他,小孩受到了我的安慰。

2. 我每周都会打电话问候奶奶,关心她过得如何。她说这是她一周最重要的事情,而且她很喜欢聊天。

如果你感觉做这些练习有困难,做不下去,就问自己:喜欢自己的什么品质或自我感觉哪些品质较好? 别人对你有何积极评价? 以下是一些可能的优点:善于倾听、富有创造力、有趣、敢于冒险、有同情心、待人友善、好看的头发、漂亮的眼睛、热心、有激情、忠诚、奉献、正直、想要与众不同、镇定、耐心、热情、有特别的才能、注重细节、平易近人、可信赖、是个好朋友……请在下面写下答案。

长处/积极品质:
事例:
1.
2.

长处/积极品质:
事例:
1.

2.

长处/积极品质：

事例：

1.

2.

长处/积极品质：

事例：

1.

2.

长处/积极品质：

事例：

1.

2.

另一种方法是在手机或计算机上记录你的长处和相应的事例，你还可以配上图片。随着时间的推移，每当想到其他的事例时，请务必把它们添加进去。

练习自我接纳

我们大多数人都有自己不喜欢的地方，其中一些可能在某种程度上处于我们的控制范围内，而另一些则不在我们的控制范围内。拥有特别不喜欢的特质，这并不能降低我们的自尊，但问题在于我们无法接受这些特质成为我们的一部分。

你可能不像你认识的其他人那样或者像你想要的那样有趣、高大、聪明、受欢迎、成功、迷人或被崇拜。实际上,你可能永远不会是你理想的样子。但是,专注于自己的缺点并坚持认为不应该如此并不会改变你是谁,只会让你感到自己不够好。那又有什么意义呢?

因此,挑战在于,尝试改变你在乎的事物(如果它们在我们的控制范围之内),并接受我们无法改变的事物。接纳意味着坦然面对事物本来的样子,对让我们无能为力的事情放下执念。

举一个简单的例子,当你出去参加社交活动时,不要老想着"是不是我的屁股看起来很大",不必在意它,要将注意力集中在正在进行的对话上。你可能永远不会对自己的臀部感到满意,但是当你不再专注于它而只是接受它时,它就不再是问题,你就可以尽情享受社交活动而无须担心它。

自我接纳意味着学会对我们自己的每个方面都感到舒服,包括我们所感知到的不完美。当我们真正接纳某件事时,它就不再是一个痛点,我们就能够放松下来并对自己感到满意。

127

设定提升自我的目标

尽管我们需要接纳一些关于自己的不喜欢的部分,但可能还有其他一些我们可以改变或改进的部分。对于我们控制范围内的事情,设定目标并努力做出积极的改变可能会很有用。(另请参见第十三章"设定目标"。)

例如:

- 如果你因为别人经常利用你而感到不愉快,那么学习自信的沟通技巧可能会有帮助。
- 如果你因为学业上遇到困难而感到不开心,那么寻求帮助和改善学习习惯可能会有用。

- 如果你因为身材问题而感觉不好，那么锻炼可能会有帮助。
- 如果你在某些社交场合中感觉不舒服，那么练习谈话技巧和学习承担更多的社交风险可能会有帮助。

当然，为自己选择什么目标将取决于你特别关注的问题。想一想什么样的事情可以帮助你对自我感觉更好，以及是否可以做些什么去达成目标。

如果你决定朝着特定的目标努力，请确保保持灵活的态度。这意味着不管是否达到目标都要接纳自己。避免有条件的自我接纳，例如，"如果我能通过考试/减掉三公斤体重/结交一些新朋友，那么我是做得不错的"，等等。保持灵活意味着要对自己说："我愿意去做并会尽力而为，但是无论我是否成功，我都是不错的人。"

128 做自己

对所有人来说，归属于某个"团体"的愿望是正常的，在青少年时期，这种感觉尤其重要。因此，一些青少年试图压抑自己的某些部分，或者采取他们并不情愿的行为，以使自己变得更让人喜爱。问题在于，尝试不做原本的你通常是行不通的。那可能会让你感到很别扭，而且会给人一种不真实和虚伪的印象。（即使有些人喜欢你装出来的样子，他们也永远不会喜欢真实的你。）

塔雅天生害羞，与陌生人交流时，常会感到紧张，在社交场合中，她更喜欢听和偶尔插上两句，而不是成为关注的中心。但是塔雅的许多朋友都很外向，善于表达。塔雅曾试图像他们一样表现得外向一些，但感到不适且从未奏效。塔雅正在学习接受她天生害羞的事实。世界上有百分之三十到四十的人偏内向，所以她并不孤独。塔雅一方面通过主动与一些朋友联系并在有机会时参加社交活动来克服害羞,另一方面她也接受了自己的个性特点与外向的朋友是不同的这一事实。有趣的是,当她不再模仿别人时,她感觉更自在,而且也被朋友们所接纳。

永远做一流的自己,不做二流的别人。

——朱迪·嘉兰(JUDY GARLAND,演员)

你可能会注意到,自尊心强的人会做真实的自己——即使他们与别人的差别很大,也不会尝试成为别人。除非他们的行为粗鲁(即对其他人无礼或漠不关心),否则他们与其他人有所不同通常不是问题。对自己与他人的差别进行自我批评和负面评价通常会损害自尊。现实是,无论多努力,你都无法取悦所有人,有些人可能就是不喜欢你。接纳自己的特别之处及与他人的差别,并承认它们是你的一部分,通常是最好的选择,并且是健康自尊的标志。

彼得对天文学充满热情,经常一谈起行星就很兴奋。最近,他被班上的一些男生嘲笑,现在他感觉自己有问题。对此,彼得填写了压力日志:

激发事件	我在谈论天文学的时候,有些男孩嘲笑我,说我是"笨蛋"。
信念/想法	他们不喜欢我,我不能融入他们。我是一个失败者。 如果我的同龄人和我兴趣不同,就说明我有问题。
应该	我应该像别人一样,应该融入他们。
结果 我的感受如何? 我做了什么?	尴尬、伤心、感到能力不够。 忽略他们。

129

续　表

质疑	
思维误区	个人化，贴标签。
替代性的、更平衡的观点	我和班上的许多男生都不一样，但这并不意味着我有问题。与众不同是正常的，有不同的兴趣和思维方式也是正常的。 有些人的思想比较狭隘。他们依据一些偶然的事情来评判他人，而不是看他们的真正品质。我不必去满足他们的期望。我希望自己是受欢迎的，但如果有人不喜欢我，我也能承受。
有效行动	专注于已经拥有的友谊，并享受我感兴趣的事物。加入一个天文学小组，在那里我可以认识像我一样对行星充满热情的人。不必试图取悦所有人。

130

　　彼得在 11 年级经历了一段艰难的时期，但随着时间的推移，许多学生最终都喜欢上了他，也尊重他。彼得知道他和班上其他男孩不一样，但是他抵制住了"像他们一样"的想法。当他听别人的主张时，并不总是假意附和，而是经常会诚实地说出自己的想法。他也继续专注于他感兴趣的事物。最终，彼得遇到了与他志趣相投的同学，在中学的最后一年以及在大学里他感到更快乐了。

对我们所有人来说，重要的一点是：

　　只是因为你不适合，并不意味着你有问题。

　　许多在成年生活中获得幸福和成功的人，在高中阶段都感到过孤独和与众不同。如果你在网上搜索"那些不适合在学校学习的快乐和成功的人"，你会发现各行各业都有这样的例子，包括总理、科学家、著名演员和作家等。在青春期产生的社会压力让许多青少年使用肤浅的标准提升自己并评价他人（例如，衣服、发型、容貌，或与某些人一起出门并表现得很酷）。许多青少年对于成年人更加看重的事物（例如，具有良好的道德规范,对思想感兴趣,以及对人真诚、接纳、尊重和关爱),可能并不在意。随着年龄的增长,我们对他人的态度和行为也会发生变化。许多在学校经历过孤独或痛苦的青少年,长大后会在生活中找到友谊、幸福和生命意义。

🪨 简言之……

- 我们的自尊是我们看待自我价值的方式。健康的自尊使我们能够享受社会关系并感到内在的舒适。
- 如果我们觉得自己"不行",我们的行为就可能会给别人带去负面信息,而这些信息会维持低自尊,即所谓的"自我实现预言"。
- 我们可以使用多种策略来提升自尊,包括:挑战那些维持低自尊的思维,学习自我接纳,设定提升自我的目标,处理对自我批评的认知偏向,以及认识到与他人不同是正常的。

第十章
正念

正念（mindfulness）是一种自我觉察训练的形式，它是根据孕育了数千年的传统佛教修行改编而成。在过去的几十年里，西方国家的人们开始认识到，正念在减轻压力、控制情绪和预防心理健康问题方面可以发挥有益的作用。在电视、广播、书籍、网络以及许多学校中，关于正念的讨论很多，因此你可能已经听说过它。但是正念到底是什么？它如何起作用呢？

正念是一种运用意识，使你与当前所发生的事情完全相连接的方式。通常，我们的头脑充满了对各种各样事情的想法，包括过去的问题以及未来可能发生的事情。在正念状态下，我们会专注于体验当下正在发生的事情，更加能够觉察到自己内在正在发生的事情（包括想法、感受、身体感觉或味道），以及我们外部环境中发生的事情（例如声音和气味）。我们学着对我们的体验不做评判，即使是那些令人不快或不舒服的部分。通过完全存在于当下，我们能欣赏到那些在思绪纷乱时可能会错过的美好事物。它还可以帮助我们以更加开放和接纳的方式体验我们想要回避的事物。

正念可以通过冥想，或通过刻意地努力注意当下发生的事情来加以练习。

正念冥想

在正念冥想中，将注意力集中在一个简单的物体或事情上，并以此来"锚定"我们的意识,以便我们可以专注于当下。随着时间的流逝,此过程有助于思想平静,不再从一种想法快速地转换到另一种想法。这有点像一个雪景球——我们散乱的想法就像雪景球振动后产生的雪,但是正念可以帮助"雪"安定下来。因此,我们的心学会变得更安静。

练习正念冥想时,许多事物都可以作为关注点。最常见的是呼吸,但是你也可以使用声音或在移动时身体内的感觉。每当我们发现自己的想法从关注点移开时,我们就慢慢将注意力转回到关注点上。如果你将呼吸作为关注点,请以自然的节奏注意呼吸。(这与第七章所描述的慢节奏呼吸练习有所不同,因为在冥想中,你不用尝试改变或控制任何东西,只是观察。)

理想情况下,练习冥想需要每天(或大部分时间)在安静的地方,直直地坐在椅子、凳子或枕头上。冥想的最佳时间是在你思维清晰的时候,不要在急于做其他事情的时候或随便任何地方进行冥想。疲倦时尝试冥想不是一个好主意,因为你可能会睡着,睡觉与冥想是完全不同的事情。

当你第一次开始练习冥想时,你会发现它很有挑战性,因为你的意识要不断"拉动"你的想法。有时你的想法可能跑得很快,并且你的意识也会从一个主题快速转到另一个主题。这在你感到压力或情绪激动的时候特别容易出现。有时你会被想法所左右以至于忘记了冥想,这是完全正常的。尽量不要评判你的表现,接纳想法会漂移的现实,一旦注意到它,只需简单地承认"这是一种想法",然后慢慢地将注意力重新转回到关注点上。

开始的时候,对一件事物专注几秒钟通常会很难,因为我们不习惯这么做,我们的大脑习惯选择它自己的想法。但是,通过练习,这个过程会变得更容易。因此,你最初只需选择每次冥想几分钟即可,然后再逐渐增加时长。尽管有些情况下,进行更长时间的冥想可能才有帮助,但有人认为二十分钟的练习就很不错了。

135

为什么要冥想

既然冥想具有挑战性，而且有时间可以做很多其他有趣的事情，那么你可能会想："为什么要定期体验这个?"其实这有很多好处。人们选择冥想的最常见原因可能是调节情绪。定期练习冥想有助于减轻不良情绪(例如焦虑、沮丧、愤怒和悲伤)的强度，并可以防止更令人困扰的心理健康问题出现。对于正在经历抑郁症的人来说，正念练习可能有助于预防进一步的发作。

正念还有助于我们更加专注地运用我们的大脑。这对于需要集中注意力的任何事情都是有好处的，例如阅读、学习、解决数学问题或在他人说话时保持专注。这意味着当我们尝试集中注意力时，我们的大脑不会充斥着杂乱无章的想法。

练习：一分钟聚焦呼吸

将手机上的计时器设置为一分钟。在椅子上坐直，闭上眼睛，使用整整一分钟来把注意力集中在呼吸上。现在开始，马上尝试。

尽管听起来很简单，但是许多参与练习的人最初都觉得很困难。他们开始意识到自己的头脑实际上有多忙，并发现专注于诸如呼吸之类的简单事情并不容易，即使持续一分钟也很难。如果你每天练习，就会发现它慢慢变得越来越容易，假以时日，你的冥想也许能达到 15 至 20 分钟或更久。

136 一旦学会了这种技术，你就可以随时练习迷你式冥想，例如散步、课前坐在教室里、乘公交或准备考试等时刻。即使几分钟的冥想，也会让你平静下来。

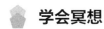 **学会冥想**

虽然有些人可以自学冥想,但另一些人则喜欢在别人指导下学习。你可以考虑上课的方式,或使用在线口头指导,还可以下载一些免费的包含正念练习指导的应用程序。有两个很受欢迎并且可免费使用的应用程序,它们是:Smiling Mind(smilemind. com. au);Giant Mind(www. 1giantmind. org)。

练习: 正念觉察当下

在椅子上坐直,闭上眼睛,然后问自己一个问题:"我现在正在发生什么?"你注意到了什么?

觉察此时此刻正在发生的事情。现在感觉如何? 好,坏,不好不坏? 脑海中是否浮现出一些问题或疑虑? 如果是这样,请注意它们的存在。

你现在是否有一些不安或焦虑? 如果是这样,在你的身上哪里能感觉到它们? 也许你还意识到一些与这些感觉有关的背后的想法?

注意正在经历的身体感觉——身体和椅子的接触,手臂和腿的重量,衣服接触皮肤的感觉,脚在鞋子里的感觉,头发接触头皮的感觉。

注意任何进入你脑海的想法。如果你意识到有想法出现,只需承认:"啊,那是一个想法。"

注意你能听到的声音,包括来自室内的和室外的声音

无论注意到什么,都要以完全开放和接纳的心态进行观察。没有任何企图,没有任何刻意。就像自己是个自身体验的外部观察者一样,见证所有细节而无须评判任何事情。

几分钟后,可以睁开眼睛,记下你注意到的内容。

137 　　在过去的几周中，阿基拉一直感到压力很大。她一直忙于一个大型艺术项目的工作，但是现在已经提交了，她仍然感到自己处于崩溃的边缘。阿基拉周末在家中组织了一次聚会，但是她并没有为此感到兴奋，反而感到担忧。这是怎么回事？

　　阿基拉决定抽出一些时间坐在房间里的坐垫上，用正念的方式去觉察此时所发生的一切。她注意到她的呼吸非常快，心里七上八下的。她还意识到自己感到焦虑和有点低落。她让自己像个旁观者一样带着好奇去观察这些感觉，而不尝试去改变它们。现在，她注意到脑海里浮现出许多想法。许多与她的作品有关："我选择错了艺术形式，我应该坚持使用原始版本……太浪费时间了……太多的工作，成品简直是垃圾。"其他想法是关于聚会的："也许没人会来……我的朋友各不相同，他们会相处融洽吗？……他们会无聊吗？……希望爸爸不要让我尴尬……"现在她把注意力转移到呼吸的自然节奏上。随着不同的想法不断涌入她的脑海，阿基拉承认自己有想法，但仍将注意力转移到呼吸上。想法来来去去，而她却一直努力将注意转回到呼吸上。二十分钟后，阿基拉注意到自己的心绪平静很多。虽然她的客观情况没有改变，但她觉得事情并非真那么差。随着焦虑的减轻，阿基拉可以用更合理和更平衡的方式进行思考了。

日常生活中的正念

　　除了冥想，我们也可以在日常生活中练习正念。这需要我们更加专注于当下，觉察当前正在经历的事情。例如，你可能会专注于所吃食物的感觉(气味、质地、滋味)。或者，当你淋浴时，可能会专注于温暖的感

觉以及水在皮肤上的压力，还有听到的淋浴室内外的声音。你也可以在
走路时练习正念，通过专注于一些简单的事物，例如，呼吸，脚接触地面
的感觉，阳光照在皮肤上或微风吹过皮肤的感觉，或者远处的鸟鸣、汽车
驶过的声音以及人们的讲话声。定期练习正念冥想，可以提高你在日常
生活中练习正念觉察的能力。

138

练习：　正念进食

正念进食和我们通常在看社交媒体、阅读、听音乐或看电视时进食
的习惯不同，它是让我们完全投入到当下的饮食体验中。全神贯注于放
进嘴里的每一块食物的感觉。慢慢咀嚼，并注意食物的外观、气味、感觉
以及最终的味道，注意吞咽时下颌肌肉的运动以及口腔内部的收缩。闭
上眼睛充分地体验这些感觉。在正念进食的过程中，许多人都因吃的过
程如此丰富和有趣而感到惊讶——我们在大多数时候都认为这是理所
当然的！

🔶 放下评判

正念需要接受我们此时此刻注意到的任何内容，而不做任何形式的
评判。例如，如果我们遇到悲伤、愤怒、焦虑、内疚或沮丧之类的情绪，我
们会带着好奇和开放的心态，观察这些情绪的各个方面。如果我们听到
不舒服的声音，如车辆行驶声、警报器鸣叫或响亮的机器声，我们会坦然
地进入到这些声音中，而不会试图抵制或阻止它们。如果我们感到身体
的不适，如与压力有关的紧张或与受伤有关的疼痛，我们会用接纳的态
度注意这些感觉（例如紧绷、发痒或发烫）。尽管我们坐着不舒服，但不
挣扎，顺其自然。这是否和你觉得某件事不太对劲时的正常反应方式有
所不同？

对自身的经验不做评判，这好像很困难。我们一直在评判事物，有时这种评判甚至会令人有愉悦感。那为什么不要评判呢？答案是负面的评判会给我们的生活带来额外的痛苦。我们不仅要处理最初的问题（例如，疼痛、噪音、悲伤），而且通过评判，我们正在为自己创造第二个问题——令人烦恼的情绪（例如，沮丧、愤怒或绝望）。一个问题的代价却是产生了两个问题！

当我们把焦虑或沮丧看成是非常糟糕的事物，是需要不惜一切代价消除的事物时，它们便成了"敌人"。我们越恨它们，它们所产生的威胁就越多，而且不断增长。最终我们会因焦虑而焦虑，或因抑郁而抑郁！奇怪的是，当我们带着令人不快的情绪或体验坐下来，观察它们的特点而不抗拒或试图离开时，情绪或体验本身就不那么让我们困扰了。与其因为试图将它们推开而紧张和痛苦，不如让我们自己坦然地融入它们，更充分地体验它们。如果我们能够学会接纳不愉快的感觉或体验，那么它们所带来的额外的痛苦可能会减少，甚至可能完全消失。佛教哲学认为，痛苦实际来源于我们不应遭受痛苦的预期。对不愉快的事件或经历感到不满只会增加我们的痛苦。

对不愉快的体验不做评判，并不意味着我们对什么都不在乎。设定目标并努力改善生活中我们能够改变的某些方面，这是有益且恰当的。但是，在正念练习中放下评判，可以教会我们另一种应对我们无法控制的事情的方式。请记住，出现令人不快的情绪是正常现象，我们不必总是推开它们。正如我们在第一章中所看到的那样，诸如愤怒、悲伤、焦虑或不满之类的情绪有时是有用的，因为它们会激励我们解决问题或采取行动应对特定的挑战。采取正念的态度可以使我们忍受令人沮丧的情绪，而又不会对它们过分执着。随着时间的流逝，负面情绪会自行消失。

注意你自己的思维模式

正念的其他好处之一是,可使我们更深入地了解自己的思维过程。专注于简单的事物,例如我们的呼吸、声音或身体感觉,提供了一个可以观察我们自己想法的"平台"。当我们意识到自己的思维已经散乱时,正念可以帮助我们回归当下,还可以帮助我们更加了解我们的思维在何处徘徊。

当你变得更擅长集中注意的时候,你也会更容易识别出无用的思维习惯,如担心、过度思考和反刍思维。例如,你可能会注意到自己的大脑是如何陷入由焦虑所产生的想法的,如"如果……,该怎么办",还有过度分析和过度思考。正念观察能帮助你注意到这些想法会产生更多的焦虑,反过来又产生更多无用的想法,周而复始。你可能还会意识到大脑多久会对每件要做的事情检查一遍。忙碌的人常常在头脑里带着模糊的"待办事项清单"。你可能感觉需要这样做,以便不会忘记任何一件事,但实际上,这样做占用了大量的可用于更重要事情(如专注于老师的讲话)的注意力和思维空间。与其总在心里重复检查,为什么不留一份可以参考的书面清单呢? 把事情写下来,并在完成后将其从列表中勾掉,这是持续关注更重要事情的有效方法,而且也使你可以放心将精力集中在当前需要注意的地方。

通过观察自己的想法,我们可以识别无用的思维习惯,并开始与它们分离。在我们陷入无用思维时,把它们标记出来(例如,"我又想得太多了","哦,那是一种反刍思维"或"那是另一种担心的想法"),以此提醒我们它们只是想法,不一定是现实。想法既可以是有帮助的也可能是无用的,既可能是真实的也可能是不真实的,既可能是有偏向的也可能是合理的。在下次发生过度思考、过度分析、担心或反刍思维等情况时,请你尝试让自己行动起来,并使注意力转移到当前正在发生的事情上。如此不断重复将增强正念技能,提升与无用的思维习惯分离的能力,并慢慢改善心境和情绪。

141   当然，你并非总能使注意力集中在当下。当情绪特别强烈时，思维也会变得强大而具有侵略性——它们会不断涌入大脑，好像有生命力一般，而你对此无能为力。在这种情况下，最好的办法是观察你的大脑在做什么以及想法不断进入大脑的方式。承认这些想法是由强烈的情绪引发的，并顺其自然。尽管这些想法可能令人不快，但它们以及与之相关的情绪不会永远持续下去。随着时间的流逝，它们会变得不那么强烈，并且最终会消失。

反思

如何将正念冥想纳入日常生活？你是否有时间安排常规练习？你需要准备什么？

是否可将正念觉察练习与某些日常活动联系起来？（例如，洗澡时，遛狗时，吃早餐时或等公交时？）

每天是否可使用一些提示来提醒自己从例行的事务中脱离几分钟，把你的意识带入当下？（例如，屏保上的语录或图片，手机上的提醒或日记中的书签？）

142 ### 关于正念的语录

正念就是意识到当前正在发生的事情而不希望有所不同；享受快

乐却不会因其改变而执着（因为"改变"总会发生）；与不快共存却不担心一直如此（因为"不变"不会持续）。

詹姆斯·鲍拉兹（JAMES BARAZ）

《唤醒孩子的快乐》（AWAKENING JOY FOR KIDS）

"感受你的感受，不要把它变成情绪，观察它，承认它，放下它。"

克里斯托·安德鲁斯·莫里斯特（CRYSTAL ANDRUS MORISSETTE）

《情绪边缘》（THE EMOTIONAL EDGE）

"捕捉每一刻的最佳方法是注意。
这就是我们培养正念的方式。"

乔恩·卡巴金（JON KAHAT-ZINN）

《身在，心在：每日正念冥想》

（WHEREVER YOU GO，THERE YOU ARE：MINDFULNESS MEDITATION IN EVERYDAY LIFE）

"正念不难，你只需记得去做就好。"

莎朗·莎兹伯格（SHARON SALZBERG）

《体会真正的快乐：冥想的力量》（REAL HAPPINESS：THE POWER OF MEDITATION）

"不要沉湎于过去，不要幻想着未来，请专注于当下。"

佛陀

（来源未知，比较公认的看法是来自于佛陀悉达多，公元前563—483年）

简言之……

- 正念是一种运用大脑的方式，它可以让我们同当下正在发生的事情连接在一起。

- 在我们的日常生活中，正念可以通过冥想或提高觉察加以练习。

143

- 正念可以帮助人减轻不安情绪的强度，提升我们专注的能力，并增强我们对自己内心正在发生事情的觉察。

- 学会不评判我们当前的体验是正念练习的关键之一。

第十一章
问题解决

问题是生活的正常组成部分。尽管并非所有问题都易于解决,但当我们将其视为需要解决的难题时,更有可能找到解决方案。我们对待问题的态度很重要,因为它会影响我们面对问题时是否感到懊丧、焦虑、低落或抑郁,也会影响我们在艰难时刻是否仍愿意寻找解决方案,敢于面对挑战并坚持不懈。在某些情况下,解决问题的方法很明显,只需采取行动即可。而在另一些情况下,并没有明确的解决方案,我们需要考虑各种选择,然后才能确定最佳的推进方式。

康妮整个星期都为能在周五晚上与她的朋友凯丝一起去演唱会而感到兴奋。电话铃响时,她正在准备中。电话是凯丝打来的,她说去不了了,因为她必须待在家里照顾她的妹妹。对此,康妮感到难以接受:"我真不敢相信她竟然在最后一刻取消了约定——我已经等这个晚上等太久了,真是糟糕至极!"因此,康妮在星期五晚上坐在家里,感到非常生气和沮丧。在屋里踱来踱去,对这件事进行过度思考和过度分析,结果感觉更糟糕了。

对此,你怎么看?如果康妮不纠结于这个问题,而是尝试寻找解决方案,结果会如何?当我们为解决问题而做事情时,会感到更有控制感,而且更有可能满足我们的需要。如果康妮花时间考虑其他选项,那么她可能会提出以下可能的解决方案：

- 打电话给其他朋友，问他们是否有空。
- 邀请她哥哥和她一起去听演唱会。
- 自己去音乐会。
- 下载一部好电影看以作为补偿。

🔹 分步解决问题

对于没有明显答案的问题，可以使用分步解决问题（step-by-step problem-solving）的方法。这是一个创造性的过程，在此过程中，你要考虑许多可能的选项，并最终确定其中哪些选项最有用。尽管并非每种情况都可以解决，而且你也不一定总能获得真正想要的结果，但至少你会因为已尽力寻找解决方案而感觉良好。

分步解决问题的方法涉及八个步骤。

第一步：定义问题

在定义问题时，一定要具体。有时你会发现几个问题之间相互缠绕。在这种情况下，尝试分离出每个部分以便分别处理。例如，"我讨厌我的学校"可以细分为：

- "有些同学取笑我，这让我感到难过。"
- "当辛普森先生刁难我时，我很难受。"
- "因为我忙于学习，没有充分的休息时间，所以感到精疲力尽。"

这是三个不同的问题，尽管相关，但最好一次处理一个。

第二步：　为问题制定目标

确定想要实现的具体结果，确保它们在可控范围内。例如，"让班上所有坏人都消失"可能是一个愿望，不是一个合理的目标。但是，"我会花更多的时间与喜欢的人在一起，比如艾美和乔"是一个合理的目标，因为这是可控的。同样，希望"辛普森先生走人"是不现实的，而"想出一种对策来帮助我应对辛普森先生"是合理的。

第三步：　头脑风暴所有可能的解决方案

问自己："要解决这个问题，我可以做些什么?"并发挥你的创造力，提出尽可能多的解决方案。可能你的某些想法"特别古怪"——但是在此阶段，不用评判它们的好坏。例如，应对班上那些找我麻烦的人的一些方法可能包括：

- 完全忽视他们。
- 以牙还牙，也对他们无礼。
- 不管他们怎么说我，我都对他们以礼相待。
- 和他们中的一两个人谈论我的感受。
- 转学。
- 和我的年级主任或者学校辅导员说，要求换班。
- 用硬物打他们的头。
- 让父母联系主使学生的家长。

记住要有创造力地思考，不要做出任何评判（暂时地）。尝试一下，这会很有趣!

第四步：　剔除不可行或不现实的选项

仔细检查你的想法列表，划掉任何不切实际或显然无济于事的选项。例如，在此阶段可能会删去"用硬物打他们的头"这一选项。

第五步： 对剩下的选项做利弊分析

现在检查剩下的选项，并写下每个选项的利弊。例如，对同学粗鲁无礼可能会让自己感到解气（利），但也可能使问题更加严重（弊）。尽管他们羞辱我，却仍对他们以礼相待，可能会让你感到沮丧（弊），但这也可能会使其中一些人积极改变对你的反应（利）。向别人解释你不喜欢他们对待你的方式可能会让你感到尴尬（弊），但至少他们会知道你的感受（利）。

第六步： 确认最佳方案

在考虑了各种可能解决方案的利弊后，就该做出决定了。检查这些选项，然后选择最实用且可能有帮助的。也许只有一个真正好的、优于其他选项的方案；或者，如果有几个可能的解决方案，你也可以将它们全部付诸实施。例如，在上面的示例中，你可能决定与找你麻烦的人交谈，并解释你的感受和你想要什么。如果交谈之后这种情况仍然持续，那么可以去找年级主任讨论这个问题并要求换班。

第七步： 实施最佳方案

现在是时候制订计划并根据方案采取行动了。例如，你可以和班上一位对你恶言相向的女孩谈谈，使用"我……"式陈述（I-statement）的方式告诉她你的感受和你想要什么（请参阅第 162 页"使用'我……'式陈述"）。甚至可以事先写下要说的话，以便你表达时思路清晰。如果这不起作用，那么下一步行动就是和年级主任或学校辅导员谈谈你的忧虑。

第八步：评估结果

最后一步是回顾实施解决方案时的具体经过。发生了什么？是否改变了现状，或者需要尝试其他方法？如果目前的对策可行，那很好；如果不行，请考虑回到选项列表中探索其他策略。

简要概括：分步解决问题的步骤

第一步：定义问题（要具体）。

第二步：为问题制定目标（要现实）。

第三步：头脑风暴所有可能的解决方案（先不要评判这些方案的好坏）。

第四步：剔除不可行或不现实的选项。

第五步：对剩下的选项做利弊分析。

第六步：确认最佳方案。

第七步：实施最佳方案。

第八步：评估结果。

分步解决问题实践

特雷弗即将面临一项重要的考评，包括在全班同学面前演讲十分钟。特雷弗讨厌公开演讲，并且一直设法逃避。但是这次演讲是评估的一部分，他无法逃避，因此感到很害怕。他决定使用分步解决问题的方法来帮助自己走出困境。

第一步：定义问题（要具体）

下周我必须在英语课上做演讲，但我不想这么做，因为我很害怕。

第二步： 制定问题的目标(要合理)

能够站起来在全班同学面前讲话。

第三步： 头脑风暴所有可能的解决方案(先不要评判这些方案的好坏)

- 不去想它，到了那天直接站起来去做就好。
- 录下我的演讲并一遍又一遍地听。
- 把我的演讲内容写出来并在爸爸妈妈面前练习。
- 做一些研究，并问问别人如何呈现一次好的演讲。
- 使用一些放松策略帮助我平静下来。
- 在演讲那天装病，这样就可以不用去了。

第四步： 剔除不可行或不现实的选项

- 剔除"不去想它，到了那天直接站起来去做就好"。这种做法是没有用的，因为我肯定需要做准备。
- 剔除"在演讲那天装病，这样就可以不用去了"。因为即使过了那天，在我回学校后，老师还是会要求我去完成任务的。

第五步： 对剩下的选项做利弊分析

1. 录下我的演讲并一遍又一遍地听。

利：我会很了解演讲内容，知道该说些什么以及如何进行展示。这样，即使紧张的话，也不太可能什么都说不出来。

弊：耗时耗力，而且听自己演讲会尴尬。

2. 把我的演讲内容写出来并在爸爸妈妈面前练习。

利：有利于习惯在现场观众面前讲话。

弊：很难严肃地完成演讲,可能最终会笑场。 *151*

3. 做一些研究,并问问别人如何呈现一次好的演讲。

利：会获得一些有用的提示,帮助我增强信心。

弊：要花费精力去四处寻找有演讲经验的人。

4. 使用一些放松策略帮助我平静下来。

利：可以帮助我放松,或许也能在其他使我感到压力的情况下对我
  有帮助。

弊：需要查找放松相关的信息和音频才能知道该怎么做,而且放松
  需要时间和精力。

第六步： 确认最佳方案

在接下来的两天我要写出演讲稿,然后我会：

1. 录下我的演讲并一遍又一遍地听。

2. 在父母面前练习。

3. 使用一些放松策略。

第七步： 实施最佳方案

我已经写好了演讲稿,录了音并听了几次。我已经在妈妈面前做了
演讲——她认为很好。我会再在爸爸面前做一次。我也一直在听下载
的放松练习的音频,正在学习如何控制呼吸。它使我感到平静,我可以
在感到紧张时使用它。

第八步： 评估结果

在我演讲之前,我做了很多计划和练习。虽然我仍然很紧张,有些
内容忘了说,但我认为整体还可以。好事情是我通过了！（请参阅本章

末尾的"分步解决问题指南"。)

152 🔹 发展应对策略

尽管问题解决策略通常可以帮助我们找到答案，但在有些情况下，即使尽了最大努力，依然无法改变。如果你尝试了各种策略而没有奏效，那么可能是时候专注于应对策略了。这些应对策略是指你可以采取的想法和行动，帮助你在无法控制的情况下处理自己的情绪。本书中描述的许多策略都是应对策略，当出现问题时这些策略很有用。其中一些策略包括：

- 质疑和挑战那些在问题出现时让你产生情绪困扰的"应该"、思维误区以及其他无效的自我对话。
- 和能给你支持的人谈谈。
- 使用放松和正念技术帮助我们平静下来。
- 参与有意思的活动，使我们不要总在问题里纠结。

🔹 练习接纳

有很多我们不喜欢的事情是我们无法控制的。例如，我们对身高、年龄、大部分身体特征或出身无能为力。过去也发生过一些我们无法消除的事情：一篇不及格的论文或一场失败的考试，与某人的争论，父母离异或老友搬家。事情已经发生，我们无法改变。

处理既定现实的最好方法是练习接纳。这意味着"顺其自然"，而非在内心固执地认为它不该如此。同时，我们承诺自己与既定现实产生的其他部分和谐相处，这样，尽管事情并非想要的那样，我们仍然可以过着有意义的生活。下面这段关于接纳的断言做了很好的总结：

接纳

这是它现在的样子，

而非它过去的样子，

可能的样子，

或应该的样子；

而非我

想要的样子，

预测的样子，

或期待的样子；

我接受它现在的样子，

并且积极地让生活继续前行。

　　内森有严重的哮喘病。他很讨厌这个病，因为他不得不经常服药，而且哮喘发作时令人窒息。内森总是想如果自己没有哮喘该多好，那样生活会好得多。但问题是，尽管每天服用药物并使用喷雾154剂来控制病情，他还是无法彻底摆脱它。像许多难以接纳的人一样，内森认为，如果他不去想哮喘这件事，它就永远不会消失。更进一步说，好像只要为之担忧就相当于在为这个问题所努力。当然，内森会说，理性上他知道这种信念是疯狂的，但是"直觉"上这像是真的。在实现接纳的过程中，内森须提醒自己，过度思考和过度分析并不会对哮喘有帮助。他可能会随着年龄的增长摆脱哮喘，或者可能会出现更有效的医疗手段，但目前是无能为力的。内森决定坦然面对现状。"现实就是如此，我还是以一种积极的方式继续生活吧。"

反思

是否有你不喜欢但无法改变的情况？

你花了多少时间思考这种情况？你的想法有用吗？

如果你能够完全接纳这种情况并且不再考虑它，那么这会对你的感受有什么影响？

155 🔶 **简言之……**

- 问题是生活的正常组成部分。采取行动解决问题经常可以帮助我们满足自身需要，并使我们有控制感。
- 如果没有显而易见的解决方案，分步解决问题可能会有效。
- 在无法解决问题的情况下，通常最好的选择是练习接纳。这会让我们有精力专注于生活的其他部分。

156

分步解决问题指南

第一步：定义问题（要具体）。

第二步：为问题制定目标（要现实）。

第三步：头脑风暴所有可能的解决方案（先不要评判这些方案的好坏）。

第四步：剔除不可行或不现实的选项。

第五步：对剩下的选项做利弊分析。

a. 利：

　　弊：

b. 利：

　　弊：

c. 利：

　　弊：

d. 利：

　　弊：

e. 利：

　　弊：

第六步：确认最佳方案。

第七步：实施最佳方案。

第八步：评估结果。

157 　　沟通方式对我们与人相处和满足自身需要的能力有着重要的影响。良好的沟通技能可以帮助我们解决问题和避免冲突，让我们能够表达自己的想法、感受和担忧，从而增加获得别人积极回应的可能。开放和诚实的沟通对于发展友谊和与他人保持健康的关系非常重要。

沟通风格

　　当我们查看沟通类型时，它们通常可被归纳为以下三种类型：攻击型、被动型或自信型。

攻击型沟通

　　攻击型沟通是以不友好或敌对的方式表达的，通常涉及隔离信息，例如，使用"你……"式陈述（you-statement）（指责对方，或暗示他人是错误的或有过失），以及贴标签。在语气和表情上也可能表达着敌意。攻击型沟通背后的假设是"你的需要无关紧要"（我赢/你输）。

158 ### 被动型沟通

　　被动型沟通是指把自己的需要放在最后。我们不会表达自己的想法或感受，也不要求我们想要的东西。当我们使用被动型沟通时，因为没有坚持自己的需要,感觉就像被他人利用。如果我们抑制太久,最终可能会感到不满。被动型沟通背后的假设是"我的需要无关紧要"(你赢/我输)。

自信型沟通

自信型沟通是指能清晰地表达我们的想法、感受和/或需要,而并不急于或要求事情一定要如我所愿。其内在的假设是"我们都很重要——让我们共同尝试解决这个问题"(我赢/你赢)。自信型沟通会有助于自我需要的满足,避免与他人发生冲突并保持积极关系。

当我们自信的时候,我们可以:

- 表达我们的想法、情绪和需要。
- 对别人有合理的要求(同时也会接受别人的拒绝)。
- 适当的时候会捍卫自己的权利。
- 有时也会拒绝别人的要求,但不感到内疚。

沟通问题

沟通不畅是使关系变得紧张和负面的主要来源,它会在各种情况下造成误解和冲突,并可能让我们感到压力和疏离。

出现沟通问题的原因有很多,其中包括:沟通技巧不足,因过度防御而听不进对方的话,因感到生气而产生攻击型沟通,或者因为太专注于自己的想法而错过对方的某些信息。

托尼很生气。他将在下周去考临时驾照,在过去的一个月中,他的父亲一直承诺要带他练车,但从来没做到。托尼担心,如果考前不多练练,他可能过不了。星期四那天,托尼放学回家,问他父亲 *159*

是否可以把车开出去转转。他父亲说不能，因为他必须完成一些工作。于是，托尼勃然大怒，说："你根本不在乎我，你是个骗子！从来都说话不算话。"结果他父亲的情绪也被完全点燃了，生气地说他"被宠坏了"，并说托尼除了自己以外从来都不会考虑别人。

这个例子很好地展示了不良沟通是如何导致冲突和坏情绪的。让我们看一下导致愤怒爆发的沟通误区有哪些。

沟通误区 1：假设

在托尼和父亲吵架之前，父亲都不知道对托尼来说进行更多的驾驶练习有多重要。他以为托尼对驾考充满信心，并假设他只是想出去兜风，而这是他们随时可以做的事情。另一方面，托尼假设他的父亲知道进行更多的练习对他来说有多重要（即使他从未告诉过父亲）。因此，他把父亲的态度解释为"不在乎"。

我们经常认为即使我们没有直接告诉别人，他们也会知道我们的想法。例如，即使我们实际上并没有说太多，我们可能还是会预期对方意识到他们在做的事让我们感到烦恼。因此，良好沟通的重要组成部分是：告诉别人你的想法和需要，不要假设他们已经知道了！

以托尼为例，如果他告诉父亲他的想法和感受，情况可能会更好。他可以说："爸爸，我下个星期二要考驾照，现在感到很紧张。我担心自己没有足够的道路驾驶经验，可能过不了。我们这周可以再到外面开几次吗？你有时间带我吗？什么时候是你最适合的时间？"

160　通过清晰地交流驾驶练习的重要性，托尼可以让他的父亲更好地了解他的意图。安排一个特定的时间可以强化承诺，也可以让他们更容易提前进行计划。

沟通误区 2：回避沟通

托尼一直把这件事放在心里，直到气得发火了才对爸爸说出了自己的想法。在之前的几周里，每次父亲取消计划好的驾驶练习，托尼什么都不说。随着时间的推移，他越来越对此耿耿于怀，直至最后爆发。这有点像在带着盖子的锅里煮开水——如果过程中不放出一点蒸汽，最终就会由于压力累积而使水沸腾溢出。每当我们感到沮丧时，最好表达一下内心的想法和感受，而不是什么都不说，使情况不断恶化。

沟通问题经常出现是因为我们没有说出自己的感受、想法或想要的东西。人们通常会因为不舒服或担心负面反应而回避交流。有时我们会假设别人应该知道我们的想法。问题是，当我们不表达需要表达的内容时，我们会感到愤怒、不满和受挫。这会导致我们的人际关系变得紧张，有时甚至导致愤怒的爆发。

沟通误区 3：贴标签

托尼和他父亲之间沟通的另一个问题是，他们俩都使用标签互相批评对方（例如，"你是个骗子"，"你是个被宠坏的小子"）。当我们给别人贴标签时，对方会感觉受到攻击，通常第一反应就是回击（就像托尼的父亲一样）。这导致激烈的争论和冲突。标签是无益的，因为它们在批评人本身而不是其行为。我们可以批评他人的行为（例如，"我认为你所做的事情是不公平的"），但是当给他人贴上标签（例如，"你很差劲"）时，感觉就像是人身攻击。这会让对方处于防御状态，并经常产生敌意和其他不良情绪。

沟通误区 4：隔离性信息

161

当我们使用批评他人、贬低他人或攻击型沟通等方式与人交流时，没有人会赢——最终每个人都会感到难过。隔离性信息（alienating messages）使对方感到威胁或受到攻击，这些信息通常会导致激烈的对抗或"冷战"（彼此之间停止讲话，或尽量少交流）。

有关隔离性信息的举例如下：

- **"你……"式陈述**：我们责备对方，并指责他们是错误的或有过失。例如，托尼对他的父亲说："你根本不在乎我！"

- **讽刺**：我们说的意思与实际意思相反，以此来故意嘲笑他人。例如，"嗯，我们不可能像你一样完美！"或"你把所有时间都用来上网也没关系，因为你所有考试都肯定会得 A 的，所以根本不需要学习。"

- **负面比较**：我们会将他人和那些让其感到自惭形秽的人进行比较。例如，"莎朗的妈妈十分努力——她看起来总是那么年轻（不像你！）"或"你姐姐的报告总得 A（为什么你就不行呢？）"。

- **威胁**：如果对方不按照我们的意愿来做，我们就会威胁对方要采取某种惩罚措施。例如，"如果你不按我的要求去做，我就离家出走/再也不和你说话。"

托尼和他父亲之间的沟通问题非常普遍。你能想到一些有关自己或认识的人遭遇沟通误区（例如假设、回避或隔离性信息）的例子吗？反思我们的沟通方式通常很有用，这样我们就可以避免陷入这些无效的模式。

162 ▓ 有效沟通的策略

通过使用清晰的、非对抗性的陈述（例如"完整信息"或"我……"式陈述），可以增进沟通。此外，利用适当的时机、有效的肢体语言和语气也可以改善我们的沟通。具体而言，有如下促进有效沟通的策略。

使用完整信息

麦凯(McKay)、戴维斯(Davis)和范宁(Fanning)在他们的著作《信息：沟通技巧用书》(*Messages：The Communications Skills Book*)中，描述了一种使用完整消息(whole messages)进行沟通的方法。当我们就可能造成紧张或冲突的问题进行沟通时，此方法特别有用。完整信息包括表达你的想法、感受以及你想要的东西，它包括四个部分：观察、想法、感受和需要。

观察

这是对所发生情况的事实描述(不是自己的解释)。为了保持客观性，你可以问自己："如果有只苍蝇在墙上，它会观察到什么？"

例如：

1. "那天迈克经过的时候，你没有停下来和他说话。"

2. "上个周末，我借给你白色连衣裙去参加米娅的派对，你没洗就还回来了，上面有污渍。"

想法

这是你自己对发生事情的看法或解释，你在表达自己的观点。

例如：

1. "我认为这有点不礼貌——好像你不喜欢他。"

2. "在我看来，你好像并不在乎我的衣服，而且你也没打算完璧归赵。"

感受

让对方了解你对目前的状况有何感受——你的情绪反应。

例如：

1. "我感到尴尬和不舒服。"

2. "我感到失望和生气。"

需要

告诉对方你在这种情况下想要什么，不是要求他们做什么（这不太可能获得正向的回应），而是提出请求。

例如：

1. "下次迈克经过时，我希望你打个招呼，并尝试和他聊聊。"

2. "我希望你把衣服洗干净——手洗或干洗都行。"

让我们来看看托尼如何用完整信息与他的父亲进行交流。

- 托尼的观察："在过去的一个月中，你至少已经三次答应带我出去练车，但每次都因有事没去成。"

- 托尼的想法/感受："我因为约定多次被取消而感到难过。我知道你很忙，但这对我很重要。下周我要去考驾照，我担心如果不多加练习会考不过。"

- 托尼的需要："我真的希望我们既能抽出时间去练车，同时也不会打乱你的安排。"

164

练习

学习有效沟通需要一些实践，以下是一些可以用来磨练沟通技巧的例子。按照上述内容撰写完整信息：

a. 你的观察——实际发生了什么。

b. 你的想法和/或感受——你想到什么和/或你的感受如何。

c. 你的需要——你希望发生什么。

（以下案例的分析在本章末尾。）

场景 1：你的朋友将你介绍给一个名叫吉米的男孩，但是由于你当时正在与另一个人聊天，因此并没有花太多精力与他交谈。现在，你担心自己做得不好，并想让你的朋友知道你不是有意怠慢的。

观察：

想法/感受：

需要：

场景 2：一个多月前，一个朋友从你这里借了你最喜欢的一件外套，但之后再没提过这事儿，也没有说要还。你想要回这件衣服。

观察：

想法/感受：

需要：

场景 3：你的一个朋友总喜欢在深夜打电话给你。你的父母对此并不知情，但已经和你说过好几次要告诉对方不要这么晚打电话来。你想和你的朋友谈谈这件事。

观察：

想法/感受：

需要：

现在你来试一下。思考一下过去（或当前）你经历过的，需要与他人就所关注的问题进行沟通的场景。描述那个场景以及你要与谁沟通。

场景：

现在，写出完整信息。

观察：

想法/感受：

需要：

如果你发现很难直接向一个人提出问题，那么花一些时间仔细思考并先写下完整信息会更有帮助。这可以让你有机会计划要说的内容和怎么说。

166 ## 使用"我……"式陈述

正如前文所述，"你……"式陈述会让人们处于防御状态，而且通常会使紧张状态恶化。另一方面，"我……"式陈述通常会有相反效果。当我们将矛头指向自己（而不是另一个人）时，我们会控制好自己的感受和忧虑，不会去指责对方。如果我们使用这种方法，对方会更容易接受我们所说的话。

例如：

- "对于你在最后一刻取消约定，我感到失望"，而不是"你让我再次失望"。

- "当你不转达我的想法时，我感到很沮丧"，而不是"你从来都不会转达我的想法"。

- "我对你刚才说的话感到难过"，而不是"你让我很生气"。

不要暗示——明确表达

当我们只是暗示某些事情而不是明确表达出来时，他人并不总是能够理解。同样，当我们说话绕来绕去，而不是直截了当地表明想法时，很容易会丧失要表达的主要信息。因此，如果需要说什么，请明确说清楚——不要暗示。

现在就做

如果你有问题要提或有需要解决的状况，请尝试尽快处理。耽误的时间越长，解决的难度就越大，修复的可能性就越小。该规则的唯一例外是当你感到非常生气时，最好先给自己一个"冷静期"。这样可以减少发生冲突的可能性，或者避免说完后可能后悔的情况。

167

要求澄清

正如人们不能总是读懂我们的心理一样，有时候我们也很难解释他人的想法或感受。如果你对从他人那里接收到的信息感到困惑，那么可以和他澄清一下。例如，如果一个朋友在你看他时表现得安静和回避，先别怀疑他可能生你的气，问问他："你今天看起来很安静——是不是我做了什么让你难过的事？"或"一切还好吗？"这样可以让未解决的问题呈现出来，并提供了一个可以讨论的机会。不过，如果没有任何问题，谈论也可以让你放心并缓解你的忧虑。

承认你的不舒服

如果你觉得把问题提出来会感到不舒服，让别人知道这一点可能有所帮助。例如："你看，乔治，把问题提出来让我真的很不舒服，但是……"或"凯蒂，我想和你谈谈，但同时我也感到不安。我害怕伤害到你的感情，但是如果我什么都不说，我会一直感到烦恼。"通过诚实地表达不舒服的感觉，你可以缓解负面情绪，并降低别人变得敌对或防御的可能性。

注意你的身体语言

你讲话的方式（包括声音的大小和语气、肢体手势及面部表情）对对方回应的方式有重要影响。例如，如果你把双臂交叉在胸前，皱着眉头，以一种指责的语气说话，那么对方可能会产生防御心理，而不管你的说话内容是什么。而开放的姿势、沉稳的声音和轻松的肢体语言会让对方感到放松自在，你的信息就可以非威胁的方式传递给对方。

表达积极情感

168

发展良好的人际关系意味着要时常表达积极的情感。我们经常以为别人知道我们喜欢他们，或者知道我们感激他们为我们所做的事情，因此我们不会特别提及这些方面。但是，人们并不总能读懂别人的心思，如果我们不告诉对方，他们就不明白。即使明白，他们也喜欢时不时地听到别人说他们的好话！表达赞赏会让他们知道我们重视他们，也有助于加深彼此之间的关系。

贴心的感觉也可以使用之前提及的完整信息来表达。例如："玛丽亚，那天我不开心，你坐下来问我怎么了，那段谈话让我很开心——感谢你的关心。我只想对你说谢谢——你一直是个很支持我的朋友。"

另外，我们可以通过简单的陈述来表达温暖的情感，例如："感谢那天你在我身边。"或"你一直是个贴心的朋友——我真的很感激你。"

反思

你能否想到一些可以给予积极反馈的人？你会对他们说什么？

🪨 简言之……

■ 良好的沟通能力可以帮助我们建立健康的人际关系，避免冲突并解决问题。

■ 当我们从自身角度做出假设，给出不清晰的信息，不说出我们真正需要说的内容，或者以疏远或敌对的方式进行交流时，关系可能会变得紧张。

■ 有效沟通的策略，例如"完整信息"和"我……"式陈述，可以帮助我们以合理和尊重的方式解决问题和分歧。

第 160—162 页"完整信息"练习的分析

169

场景 1：你的朋友将你介绍给一个名叫吉米的男孩，但是由于你当时正在与另一个人聊天，因此并没有花太多精力与他交谈。现在，你担心自己做得不好，并想让你的朋友知道你不是有意怠慢的。

观察：昨晚当你向我介绍吉米时，我几乎没跟他说什么话。

想法/感受：我感觉这不合适，因为我只忙着和别人说话了，这可能会让他觉得我挺没礼貌的。

需要：如果我怠慢了他，你能让吉米知道我很抱歉吗？下次我一定会对他更热情些。

场景 2：一个多月前，一个朋友从你这里借了你最喜欢的一件外套，但之后再没提过这事儿，也没有说要还。你想要回这件衣服。

观察：上个月你借了我的外套，但没有还回来。

想法/感受：这是我最喜欢的外套，我真的很需要它。

需要：你可以明天把它带到学校，以便我周末把它带回家吗？

场景 3：你的一个朋友总喜欢在深夜打电话给你。你的父母对此并不知情，但已经和你说过好几次要告诉对方不要这么晚打电话来。你想和你的朋友谈谈这件事。

观察：在过去的几周里，你好多次都是在晚上 10:30 后给我打电话的。

想法/感受：这个时间接电话对我来说有点困难，因为我爸妈对此很有意见。而且，这事对我自己也有影响，因为我一大早有游泳训练。

需要：欢迎你打电话给我，但可以在晚上 9 点之前吗？

第十三章
设定目标

171

你想过什么对你而言是真正重要的吗？你认为什么是有价值的目标并想去实现它？例如，它可能是：亲密的、能给你支持的友情，在自己喜欢的运动中做到最好，找到自己喜欢的职业，拥有健康的生活方式，在一些对你很重要的事情上有所作为，或者迎接新的挑战。

当个人价值引导我们的选择和目标时，我们会对自己向往的方向感到更有动力和更积极。设定目标有助于将价值转化为成就，给我们提供方向，并帮助我们在近期和远期获得我们想要的事物。目标激励我们把时间和精力投入到对我们重要的事情上。朝着目标前进可以让我们有成就感，也会让我们兴奋不已和感觉自信。

花时间思考一下你打算在未来一两年内要实现的目标。如果什么也想不到，请尝试闭上眼睛，想象一下一两年后你期待的生活的样子。你想做什么？有什么感受？你希望有什么不一样？

下面是一些你可能会考虑要设定目标的方面：

- 个人品质（比如，变得更自信、更坚定或更放松）

- 友情/关系

- 家庭

- 工作/学习/职业生涯 *172*

- 身体健康

- 兴趣/爱好

- 态度

让我们看看利亚姆和凯西在做这个练习时确定的目标：

利亚姆的目标

我想在一年里实现以下目标：

- 个人品质：我想完全摆脱抑郁情绪。

- 兴趣/爱好：我想成为一名合格的冲浪者。

- 工作/学习/职业生涯：我想在网站设计方面积累一些工作经验。

凯茜的目标

我打算在两年内实现以下目标：

- 工作/学习/职业生涯：我想到大学就读艺术专业。

- 友情/关系：我想至少交三个可以信赖的朋友。

- 身体健康：我想一周至少锻炼五次。

- 个人品质：即使在压力下，我也能够保持相对冷静。

反思

根据上述内容思考你可以在哪些方面设定目标。选择一两个对你来说很重要的方面，并写下你想要实现的目标。在本章接下来的部分，我们将介绍可以用来实现这些目标的策略。

实现目标的策略

有助于实现目标的方式包括三个基本步骤：

步骤一：定义目标；

步骤二：设定子目标；

步骤三：创建一个行动计划。

步骤一：　定义目标

考虑一下想要实现的目标并写下来，做的时候请记住以下几点：

确保目标是具体的

用具体而非模糊的词汇定义目标。例如，"变得更快乐"是一个模糊的目标，而且很难衡量。你快乐的时候怎么知道自己是快乐的？为了使目标具体化，请考虑具体的结果。例如，"我希望每天早上醒来心里不那么紧张"，"除非我真的生病了，否则我想每天都去上学"，或者"我想和朋友周末见面"。通过更具体的目标，你可以更清楚地了解自己是否已实现目标。

设定时间范围

确定一个截止日期很重要，因为它可以使你集中精力和保持动力。没有截止日期，你可能会拖延，陷入其他事情而最终忘记了你的目标。

确保目标是现实的

大多数人都能获得超出自己实际能力的成就，有时候突破自己的舒适区是一件好事。但另一方面，不要设定无法实现的目标，这也很重要。

不现实的高期望会增加失败的可能，反过来会挫伤你的积极性，也会给你带来不必要的压力。例如，假定你是 12 年级的学生，将目标设定为成为整个州的尖子生（或者哪怕是学校的尖子生）可能是不现实的。*174* 但是，如果在你的能力范围内，争取期末考试成绩达到 80% 以上则可能是一个合理的目标。与努力成为学校或州的尖子生相比，这个目标使你产生恐慌和倦怠心理的可能性要小得多，而且它还可以让你保持动力。

确保目标是有意义的

当目标和你相关并且有意义时，更有可能实现。不要落入实现别人目标的陷阱。

弗拉德的父亲喜欢汽车，他希望弗拉德能和他一样成为机械维修师。尽管弗拉德对汽车几乎没有兴趣，更喜欢演艺方面的职业，但为取悦父亲，他把成为一个机械维修学徒作为自己的目标。因为这不是他真正想要的东西，所以弗拉德在追逐目标的过程中既不开心也不上心。

步骤二：设定子目标

子目标是我们为实现主要目标而采取的具体步骤。通过确定子目标，你可以找到实现目标要遵循的路径。一旦开始完成子目标，你会感觉到自己正在取得进步。在完成每个子目标后勾掉它，也会给你鼓励。

以下展示的是利亚姆和凯茜选择的主要目标，以及他们为每个目标设定的子目标。

利亚姆的目标	子目标
两个月内摆脱抑郁情绪	每天做三件让自己感觉快乐的事。 每天做三件让自己有成就感的事。 和父母以及朋友马克谈谈我的感受。 不管喜不喜欢，每天放学后都要遛狗。 使用情绪记录 app 监控我的情绪，反思我的想法。 填写压力日志，当对某事感觉不开心的时候质疑那些错误的和负面的想法。 每天练习 20 分钟正念冥想。 在每天结束时写下我做成的事，即使是很小的事。

凯茜的目标	子目标
年底前找到至少三个可以信赖的朋友	努力和现有朋友保持联系，例如，每周至少给玛莉莎或卢克打一次电话。 当别人给我打电话时要回电。 邀请朋友出去玩，看电影或烧烤。 每周至少参加一个可能结识新朋友的活动（例如加入俱乐部、参加体育运动等）。 与喜欢的人交谈时，尽量保持开放和真诚的心态。

步骤三： 创建一个行动计划

第三阶段是撰写实现每个子目标以及最终实现主要目标的行动计划。这包括为每个子目标设定截止日期；写下为实现每个子目标，今天、明天和本周要完成的具体细节。把目标和子目标视为目的地，把行动计划视为更详细的展示路线的地图。

以下是利亚姆为成为一名合格的冲浪者而采取的行动计划。

我的目标：

年底成为一名合格的冲浪者。

　　具体来说，这意味着我将能够划水①，潜越②，并在大多数情况下遇到海浪时可以站起来。

实现目标对我有何益处？

- 我会很享受它。
- 帮助我保持体形。

- 这也是一种社交，因为可以和朋友一起。
- 这是一种技能，做得好还会给我带来成就感。

完成目标的具体步骤：

子目标	截止日期
请爸爸妈妈支付三节冲浪课的费用，作为我的生日礼物之一。	今晚
加入当地的冲浪俱乐部，参加每月的比赛。	5月2日星期二
至少一周一次和擅长冲浪的兄弟多姆一起练习，让他给我一些指点。	常规化，从5月4日开始
每周至少冲浪三次（至少有两个早晨在上学前去冲浪，以及周末一次）。	从5月4日开始

具体事情（本周要做的事情）：

☐ 今晚：与爸爸妈妈谈冲浪课程的事。

☐ 与多姆说说一起冲浪的事。

---

① 划水（paddle out）是指用臂力令冲浪板得到冲力的划水动作。——译者注

② 潜越（duck dive）是指一种潜入浪的动作，通过手臂、膝部和脚的配合将板压入水里穿过浪。——译者注

☐ 明天：联系当地的冲浪俱乐部，了解入会事宜。

☐ 星期三：预订下周星期一和星期五的冲浪课程。

☐ 告诉史蒂夫和布鲁斯，一旦我上完冲浪课，我要和他们一起在周一和周五早上去冲浪。

对于长期目标，需要考虑不同的时间表。例如，为了保持前进的状态，下个月、三个月或六个月要如何做？如果你打算达成更长远的目标，那么每周制订一个详细行动计划，也许能增加如期完成最终目标的机会。

反思　　　　　　　　　　　　　　　　　　　　　　　177

选择一个你之前确定的目标。在下面的表格中，将其描述为一个具体目标，并设定实现目标的期限。然后填写表格的其余部分，描述你将从目标实现中获得的好处，以及为实现目标需要设定的子目标和本周要采取的步骤。

行动计划

我的目标：

实现目标对我有何益处？

实现目标的具体步骤：

子目标	截止日期

具体事情（本周要做的事情）：

识别障碍
178

一旦设定好目标，并确定了子目标和行动计划，我们就已经在实现目标的路上了。但是事情并不总是一帆风顺的。有时，尽管我们的愿望很好，但障碍仍然存在。障碍可能是一些实际问题，例如：

- 没有足够的时间。
- 没有足够的金钱。
- 缺乏必要的知识或技能。
- 压力和疲劳。
- 父母或朋友不赞成你的目标。

障碍也可能是心理上的，例如：
- 害怕失败。
- 害怕不被认可或被拒绝。
- 对自己获得成功的能力缺乏信心。
- 挫折感。
- 缺乏动力。

- 不能长时间保持注意（或者很难保持注意力集中）。
- 目标不明确。

障碍并不一定会阻止我们实现目标，但会带来一定的阻碍。对此，我们须制定出克服障碍的策略。提前思考、发现可能出现的困难以及思考如何解决这些问题会很有帮助。

让我们来看看凯茜的计划，该计划旨在解决与进行常规锻炼有关的障碍。

凯茜的目标： 一周至少进行 5 次运动 *179*

可能的障碍	克服障碍的策略
我发现很难早起。	将闹钟设置为早上 6 点。 把鼓励的话贴在床头柜上，以便我睁开眼睛就可以看到，例如："我能做到。""没有付出就没有收获！" 把我的运动装备放在梳妆台上。闹钟一想就穿起来。不用想太多，直接做。确保我在 6:20 之前出门。
我会觉得无聊，然后失去动力。	可以在锻炼方式上做些变化（例如，尝试不同的跑步路线，偶尔在丛林小径上跑步，每周在健身房上一次有氧运动课，每周骑自行车一次）。 和妈妈、妹妹安妮聊聊在某个早晨一起锻炼的事情。 制作充满活力的我最喜欢曲目的播放列表，并在锻炼时听。
我可能会慢慢地忘记自己的目标。	把我在海滩上慢跑的照片放在钟表旁边，以便提醒我健康的感觉有多好。 与妈妈和/或安妮一起锻炼，以便我对别人（不仅仅是我）也有一个承诺。 与安妮报名参加 9 月份的十公里跑。

反思

在下表中，列出实现目标过程中所有可能的障碍，以及克服它们的策略。

180	我的目标	
	可能的障碍	克服障碍的策略

 ## 保持动力

你已设定了目标，设置了子目标，并且已经实施了一段时间，但是现在，因为要完成许多学校作业，准备即将到来的考试，生活变得忙碌起来，所以你会很容易分心。许多人因为受到其他事情阻碍而迷失了自己的目标。因此，需要考虑一些能使你持续保持专注和动力的策略。你可以采取以下措施来保持动力。

关注回报

考虑将获得的回报可以帮助你保持动力，尤其是当它让你感到兴奋的时候。因此，写下实现目标的好处可能会有所帮助。在罗列实现目标的好处时，要创造性地思考。除了实现目标的直接好处外，你也许还会产生掌控事物的满足感，对自己完成事情的能力形成更坚定的信念，甚至可能会增强自信心。

181　　***反思***

选择你先前确定的一个目标，写下实现该目标所能获得的所有好处：

想象成功

研究表明，如果我们反复地在脑海中想象新行为，那么我们更有可能执行新行为。想象可以使我们对目标感到渴望，而频繁的想象有助于将目标保持在我们意识的前端。想象最终的结果以及过程中需要采取的步骤也是有益的。你可以在锻炼时、晚上要睡觉时或工作间歇想象自己的目标。

使用提示

你对目标的思考越频繁，目标在你头脑中停留的时间就越长。把照片、网上的图片或者激励你达成目标的话语摆在显眼的位置，可以让你不断受到鼓舞和保持专注。

> 凯茜的手机屏保是一张她在学校越野比赛的终点线上和朋友的合照。在照片中，她和她朋友的脸上都带着微笑，凯茜记得自己为完赛而感到多么高兴。这张照片一天要出现好几次，每次她都停下来看一会儿。她还在书桌上方的墙上挂了个标牌，上面写着"感觉很棒"。

谈论目标

谈论目标以及计划如何实现，这本身就可以激发并增强动力。如果其他人在此过程中支持并激励你，则效果更好。口头表达你的目标会增加对目标的处理，同时强化你的意图和计划。有时人们可能会给你一些想法或灵感，而有时单单描述目标就是最有效的过程。而且，告诉别人你打算做什么，会使你有一种承诺感。这样，当在接下来的日子里别人

182

问起你事情的进展时，目标就会被强化。

 简言之……

- 设定目标可以使我们保持专注和动力，并增加获得我们想要结果的机会。
- 为了实现目标，明确定义目标、设置子目标并沿着既定的方向分步行动是有益的。
- 在计划目标时，要着重考虑潜在的障碍并制订克服这些障碍的计划。为了保持动力，请聚焦于完成目标的潜在回报上，想象成功，使用图片或书面提醒，以及与他人分享你的愿景。

第十四章
自我照顾

你是否有过考试之前临时抱佛脚,熬夜学习,然后第二天发现自己 勉强支撑的情况? 或者当你感到压力重重时,通过跑步释放自己,是否会让你感觉好很多? 或者一刻不停地上网好几个小时,是否会让自己昏昏沉沉? 或者在遇到困难时打电话给朋友,是否会让你打起精神?

我们的身体与心理是相连的。我们的想法和情绪对身体有直接的影响,反过来,发生在身体上的状况对心理状态也有直接的影响。

自我照顾是指采取行动照顾自己的身与心。积极的自我照顾可以真正地改变你的心境和情绪,从而使你具备更强的应对生活挑战的能力。对青少年来说,有些关键方面的自我照顾特别重要。

睡眠

回想一下在过去的一周里,你每天几点睡觉,几点醒? 每晚睡多少时间?

专家提出,要达到"最佳"状态(即感到精力充沛和表现良好),青少年每晚需要 9 至 10 个小时的睡眠时间。但现实可能是,大多数青少年的睡眠时间都远达不到这一水平。事实上有研究表明,青少年是世界上 睡眠剥夺最多的群体之一。

睡眠对于大脑的健康运转至关重要。它为我们的大脑提供了一个在一天活动之后可以点击"刷新"按钮的机会。在睡眠过程中，我们对所学内容进行加工处理并将其贮存在记忆里。

睡眠剥夺会改变大脑的活力水平，尤其是在需要持续专注的情况下，使大脑很难集中注意力，比如在做有难度的作业，或想和朋友进行一场有深度、有意义的对话而不能分神时，睡眠剥夺有害无益。它还会减少精力和动力，使解决问题与做出决策变得困难。相比之下，如果你睡了个好觉，可能就会发现自己更机敏，也更有掌控感。

如果睡眠不足是你的一个问题，其原因可能是多方面的。作为青少年，你可能会有繁重的日程，像学校、作业、兼职工作、和家人相处、课余活动和社交生活……谁还有时间睡觉，对吗？我们倾向于优先考虑几乎所有其他事情，而不是在一个适当的时间上床睡觉。除了所有这些必做的事情外，你还很容易沉迷于看电视、浏览社交媒体或查看最新的网络视频。有时，虽然时钟显示时间已很晚，但你还是对自己正在做的事情欲罢不能，不愿停下来。有很多的想法在大脑中萦绕，即使身体已感到疲倦，也很难让大脑停止活动。

许多青少年也注意到他们的生物钟发生了变化。你可能会发现，与年幼时期相比，早上更难醒，并且直到很晚才开始感到疲倦。这其中有一部分是生理原因。因为在青春期，大脑会越来越晚地释放褪黑激素（能引发困倦的激素）。如果你晚上不想上床睡觉，却仍要第二天早起准备上学或做其他必须做的事情，那么这对你没有多大好处。

185 如果你存在睡眠问题，那么可以采取一些措施来加以处理：

- 优先考虑睡眠：提醒自己闭上眼睛后会感觉好很多，并以此为动力关掉电视或结束正在做的所有事情，然后上床睡觉。在每天晚上的同一时间就寝，并在早晨相对固定的时间起床，这会帮你养成习惯。如果你习惯晚睡，那么可以通过每晚早一点（例如五到十分钟）上床来循序渐进地训练自己。这将使你的身体逐渐适应更健康的睡眠规律。

- 睡觉时,请确保房间是暗的和安静的。这会向大脑发送一条信息,告诉它睡眠时间已到。

- 至少在睡前半小时不要使用电子设备。屏幕上的光会向大脑发出信号:"这是光,一定是在白天——要保持清醒!"于是褪黑激素(睡眠荷尔蒙)会延迟产生,让人难以入睡。

- 尽量减少可能的干扰。你是否有过在缓缓入睡的时候突然手机发出哔哔声或计算机屏幕上弹出消息的经历? 这些情况会让你退出睡眠模式,使你的大脑和身体再次运转起来。因此,睡觉前关闭设备,或将其切换为静音模式。当你打算睡觉的时候,把那些设备放在很难够到的地方,这有助于你抵制总想上网看看发生什么事情的诱惑。

- 给自己一些放松时间。在睡前半个小时到一个小时,给自己一段安静的时间。淋个浴或泡个澡,在床上读本书或听一些放松的音乐,都有助于进入睡眠阶段,让你的身体和大脑知道这是该舒缓下来的时候了。在此期间,请尽量避免任何刺激肾上腺素或大脑的事情(包括视频游戏或过于戏剧性的电视节目)。

- 将笔和记事本放在床边,写下任何让你彻夜难眠的反复的担忧。提醒自己,你会在早上(而不是现在)跟进这些问题。深夜从来都不是解决问题的好时机,因为此时大脑会产生更多灾难性的想法,你很难做到客观判断。当你在第二天再次回顾该问题时,可能会发现它并不那么重要,也不值得浪费你的睡眠时间。

186

锻炼

经常锻炼的人与不常锻炼的人相比,其抑郁和焦虑的程度要低。让自己的身体动起来会让大脑内部的化学物质产生变化，而这些化学物质能对你的感觉产生积极影响。有强度的运动（如慢跑、游泳或骑自行车）会触发大脑释放内啡肽，这些让你"感觉良好"的化学物质可以改善你的情绪。这也许是某些人描述在剧烈运动后会感到"跑嗨"（runner's high）的原因。运动也可以增加 5 -羟色胺（serotonin）的水平，5 -羟色胺是另一种与积极的情绪和更好的睡眠有关的大脑化学物质。运动还可以降低压力激素的水平，包括肾上腺素和皮质醇。

锻炼的另一个好处是，它可以将你的注意力从反刍思维和无益的想法上转移开。当你参加足球或无板篮球比赛时，会将注意力集中在当前正在发生的事情上，因此能与过度思考以及反刍思维分离。而且与其他人一起活动也具有社交意义，使得活动变得更有意思。如果你进行的锻炼包含"有趣的因素"，例如在走路时与朋友聊天，或者在滑冰坡道上练习招牌动作，也可以提振你的精神。成就感会放大运动所带来的愉悦，例如当你在健身房完成了艰苦的课程或在游泳池达成游二十圈的目标时。

有计划的锻炼是有益的。如果你清楚地知道要进行的活动以及何时进行的话，那么就越有可能去做。但是，不管运动量大还是小，锻炼都是好的，比不运动强。你不用成为马拉松运动员或健身狂人，也会从锻炼中受益。只是让自己在白天多动动就会有不一样的效果。如果可以，选择爬楼梯而不是乘坐电梯；步行去商店，而不是搭便车；提早一两个站下车，然后再走一段；在大多数日子里，至少进行三十分钟的中等强度运动。

不必把锻炼当作日常的任务，也不必对其太过认真。它可以很简单，例如在休息室里放音乐跳舞，或者跳入大海进行人体冲浪。选择自己喜欢的活动将使你保持锻炼的动力，而将其和社交活动结合起来会更有趣。为什么不在周末找几个朋友一起在附近的公园逛逛，或者参加运动队以便结识新朋友的同时还会变得更健康？

 健康饮食

健康均衡的饮食有益于身体健康以及情绪健康。选择未经高度加工的营养丰富的食物，每日定时进食，将有助于维持能量水平并真正改变你的感觉。

我们的血糖水平会对情绪产生重大影响。精制且含糖量高的食物和饮料（例如蛋糕、冰棍和汽水）会被血液迅速吸收，从而导致能量的急速提升。这可以提供暂时的活力，但是不利的一面是这种活力不会持久，随后血糖水平会下降，导致能量下降。这些高峰和低谷会让我们体验到过山车般的情绪变化：从极大的兴奋，到随着糖刺激消退而感到落差和烦躁。

为了保持能量流动更平衡，最好选择能量释放更慢的食物。这些食物包括复杂的碳水化合物（例如全麦面包、谷物和糙米），大多数蔬菜和水果以及豆类（例如扁豆、蚕豆和鹰嘴豆）。如果你经常发现自己在需要增加能量时想喝可乐或果汁，那么可能得重新考虑一下所喝的东西了。大多数罐装软饮料中含有 9 到 11 茶匙的糖，甚至果汁中也含有大量的糖，却没有水果中有益的纤维。健康的替代品包括水、苏打水、牛奶、凉茶或普通茶（不太浓）。同样，与巧克力棒或棒棒糖相比，少量杏仁、一个苹果或一盒酸奶是度过一个漫长下午的更好选择。每天定时吃饭并且常吃健康的零食，可以让血糖和能量水平更加稳定，同时也抵制了狂吃高糖零食的诱惑。早餐吃得合适，会提供我们一天开始时所需的营养，因此请不要忽略这重要的一餐。

我们的身体和大脑需要多种维生素和矿物质才能有效发挥作用。其中许多维生素和矿物质，尤其是维生素 B、叶酸、锌和钾，与情绪和情

188

感有着密切的联系，因此，充足的摄入量很重要。这些可以在许多蔬菜、水果和全麦食品（例如燕麦、糙米和黑麦面包）中找到。

健康脂肪（而非加工饼干、蛋糕和薯条中通常含有的转化脂肪）也对我们的健康起着重要作用。富含脂肪的鱼、鸡蛋、坚果、鳄梨和乳制品是健康脂肪很好的来源。

蛋白质中的氨基酸对于大脑和情绪健康也至关重要，可以通过吃瘦肉、鱼、蛋、奶酪、坚果、豆制品和豆类来获得。

一般而言，最接近自然的食品和饮料——较少经过加工且添加剂（人造色素、调味剂和防腐剂）最少的——最有利于我们的心理健康。话虽如此，但一份巧克力甜点、一包炸薯条或一个巨型汉堡的"美味"是生活中的一些小乐趣，无须被完全排除。这主要是个平衡的问题，即将这些类型的食物放在"偶尔"列表中，而不是"日常"类别中。

关于咖啡因

咖啡因是一种令中枢神经系统兴奋的刺激性物质，它存在于咖啡、茶、巧克力、可乐、一些药物和大多数能量饮料中。如果你在学校忙碌了一天后已筋疲力尽，但还需要完成一篇论文，那么咖啡因的刺激会在短期内帮助你快速重新分配能量，使你提起精神。但是，有些人对咖啡因的效果很敏感，即使是少量摄入（一杯能量饮料或一罐可乐），也会产生负面影响。咖啡因会引起心跳加快，让你感到不安和紧张，增加焦虑。如果你已经处于压力状态，那么它会让你感到更加焦虑。如果你属于这种情况，那么请考虑放弃咖啡因，寻找其他方法来管理你的能量。这包括定期运动、健康饮食，以及在精力不足时给自己一段放松的时间。

如果你确实要喝咖啡因饮品，那么请考虑在一天的早些时候使用。咖啡因的半衰期（即身体消耗掉所摄入咖啡因花费的时间的一半）大约为六个小时。这意味着,如果在下午或傍晚喝咖啡,那么当上床睡觉时,咖啡因可能还在影响你。

 社会联结

人是社会性动物。我们天生是群居的,并且本能地想要与他人建立联系。因此,我们喜欢拥有熟人、朋友和亲密关系。即使是简短的交谈,许多人也会从中获得快乐,因为与他人建立联系是人类本质构成的一部分。因此,当你停下来去抚摸别人家的狗或在健身房里偶尔寒暄时,你会喜欢一段温馨的交流。

当我们与熟悉的人在一起时,会感受到更深的联结和归属感,因此与朋友共度时光通常会给我们带来更大的乐趣。友谊会令人感到特别愉悦,因为彼此有相似之处,还会感到被喜欢和接纳。知道有人在乎我们并想和我们在一起的感觉会让我们感到安全,同时也满足了人类的归属需求。而且,分享经验也是很有趣的事情。

与其他人交谈也可以给我们一个输出顾虑和担忧的出口,而且我们可能会从别人的观点中获益。不同的人可能会给予不同的支持。例如,在情绪低落时向父母倾诉,和密友谈论人际关系问题,在遇到与学校有关的压力时求助于学校辅导员,或者进入你信任的网站,在有审查机制的在线论坛(moderated online forum)上寻求网友建议,这些都会使你感到非常舒适。

让我们感到有人可以联系并可获得支持,这对于情绪健康具有重要作用。真正的社会联结不是人气比赛,努力获得最多的朋友不一定会让自己更有联结感。实际上,过度分散自己的情谊会让友谊变得肤浅和不尽如人意。相反,社会联结是指和你可以信任和依赖的人之间建立良好关系——关系的质量高于数量。

190

　　建立和加强关系并不总是那么简单。有些人的性格使他们很容易与人建立关系，因为他们天生外向；有些人则有良好的社会支持，因为他们有持续多年的紧密的家庭关系或长期的友谊；有些人很幸运地遇到了和他们恰好合适的人，其友谊也得到了蓬勃发展。如果你是他们中的一员，你会觉得自己很幸运！但是，对于我们许多人来说，交朋友有时是一个挑战。这可能是因为羞怯，或者因为生活中的压力（例如转学、抑郁、家庭冲突等），或者仅仅是因为缺乏机会。

　　建立关系需要个体有勇气去真诚且开放地面对自己和自己的感受。加入有共同兴趣的团体（例如运动队、辩论队、国际象棋俱乐部、合唱团或戏剧团体）并定期见面是个不错的开始。经常性的联系可以使你慢慢了解别人。你也可以发起话题来挑战自己，甚至是和你不认识的人交谈。刚开始这会很难，但是慢慢地会变得更加容易。有时，我们只需要去做，然后从经验中明白：其实没什么可怕的（即使没达到结果，也不是什么大不了的事）。

　　建立关系的另一种方法是巩固现有的友谊，这包括联络（通过电话、短信、电子邮件或社交媒体）和组织聚会。你可以通过发问候信息来组织小聚、聊聊近况，也可以打个电话，让他们知道在生活中发生要事时，你也在想着他们。你越把别人当朋友，而且对他们的支持越多，他们也越可能把你当朋友，并且给你更多的支持。成为一个好的倾听者并对他们的问题表现出真正的兴趣，也有助于建立关系。最重要的是，愿意展露你自己的一些疑虑或脆弱，能够让别人认识真实的你，这是建立亲密关系的关键。

平衡屏幕生活和现实生活

　　屏幕、电子设备和社交媒体在我们的生活中发挥着重要作用。它们提供了与人交流的方式,从朋友、亲戚和潜在的恋爱对象,到生活在地球另一端和我们一起分享激情的人们。技术提供了保持联系和不断更新状态的途径。在线上世界,访问所有信息几乎都可在我们的指尖上完成。消遣和娱乐的机会是无限的,有无数的方式可以用来分享经验、网络交流以及收发反馈。如果你想要找些好笑的事,网上也有一些疯狂的视频和有趣的图片可以博你一笑。

数字世界可以提供很多积极的东西,但你也很容易被它们所消耗,而牺牲了其他重要的事情(例如睡觉,与朋友面对面的交流)。当我们意识到虚拟自我和情绪健康时,在"屏幕生活"(screen life)和"现实生活"(real life)之间寻求平衡是至关重要的。

在最近的一项研究中,一群青少年被要求二十四小时禁止使用各种技术工具——禁止使用互联网、手机以及其他屏幕和设备。在这段时间里,参与者的想法、行为和情绪都被时刻监督着。你猜发生了什么? 如果在他们的位置上,你觉得你会有何感受?

参与该项目的青少年表示感到孤独、有压力、烦躁甚至惊慌。研究人员称他们的某些症状类似于吸毒者的戒断症状。

数字生活如何对你产生影响? 总体而言,那些屏幕前的时间是一种可以增加你的愉悦感、创造力和社交联结的情绪增强剂吗? 或者你在网上花费的时间会对你的感觉和行为产生负面影响吗? 你对自己使用技术的方式是否有控制感,还是它在控制你?

192

下面有更多的问题可以帮你反思:

- 我是否花费越来越多的时间上网,并将其排在生活中其他重要事项(例如,与朋友出门、与家人聊天、运动、参加学校和社区活动、工作、学习或获得充足的睡眠)之上?

- 我在屏幕上花费过多时间是否会对我造成负面影响?(例如,因为在屏幕上花费太多时间而不能专心学习,以致学习退步;与父母发生争执；或者因为自己无法按时下线而放弃了原本想做的事情。）

- 是否发现自己迷恋某些网站或游戏，以至于无时无刻不在想这些，无法控制自己去接触它们？

- 如果无法上网，或者玩网络游戏或访问网站，我会感到焦躁吗？（例如，我是不是会因为 Wi-Fi 接收信号不稳定而无法好好享受假期？）我是否一直查看社交媒体，即使在应该专注于其他事情的时候？

- 在某些社交媒体上花时间会使我感到沮丧或焦虑吗？

- 晚上看屏幕是否让我不能在一个适当的时间入睡，或者使我上床后很难入睡？

如果你对以上任何每个问题的回答都是"是"，那么重新审视上网这件事可能对你有好处。应确保上网是一件能够增强身心健康，而不是损害它的事情。你可以通过以下方法让屏幕生活服务于你（而不是影响你）：

193

- 进行"数字审计"（digi-audit），提高对何时以及如何使用技术的自我觉察。记录所有在线时间，记下每次在线活动期间和之后的感觉。注意任何积极或消极的情绪反应（例如，当翻看朋友的照片时会感到开心，因为它们带来了美好的回忆；或者，因为父母一再要求你停止游戏并坐下来参加家庭聚餐而对他们发火）。在手机上滑上滑下或在网上点来点去通常是一种自动化的习惯，你甚至可能都没有想过这一点。让"屏幕时间"成为你有意识做的事情——选择适合自己的方式使用它。

- 计划你的在线时间。为自己设定有关如何使用技术以及何时使用的规则。例如，如果你要与朋友一起共进晚餐，那么你们可能都要事先约定好禁止在桌上使用电话。如果你要完成家庭作业，则可以选择几个小时内放下所有线上游戏，在完成作业后再花点时间好好玩一下以作为奖励。如果你发觉自己迷失在网络上，请设置闹钟提醒自己何时按下"关闭"按钮。

- 对社交网站上的帖子进行现实检测。如果发现自己在看完别人的帖子和图片后感到沮丧，那么全面地看问题很重要。人们经常在社交网站上呈现"精彩瞬间"。他们会从最讨人喜欢的角度拍摄自己（使用最好的滤镜效果），并且只在他们做过令人兴奋或感觉很好的事情（或看起来如此）时才发布更新。如果你把自己的生活与这些内容进行比较，那么是把你的"日常"与他们的"最佳时刻"进行对比，容易产生"别人的生活怎么那么好"的不现实的想法。你在网上看到的内容不是评估他人生活或与他人进行比较的现实依据。如果你的自尊受这类帖子或者被你获得的"点赞"数量和好评数量所影响，那么最好重新评估一下你解释此类信息以及你运用时间的方式。

- 平衡"屏幕时间"和"绿色时间"。花费时间在大自然里活动会减轻压力，增加精力并产生积极情绪。晒太阳能刺激大脑释放 5-羟色胺，从而让身体平静下来并使情绪提升。如果要花几个小时在室内盯着屏幕看，最好中途能停下来休息一会儿，并去室外走走。

- 组织现实生活的聚会。网络世界带来了很多与人见面交流的机会。在网上，有很多地方可以让你建立支持性网络、获得建议、分享兴趣以及与他人一起玩。所有这些都很棒，但是它们不能代替"面对面"的联系。人的大脑会对肢体语言、面部表情和语气产生反应。试想下当和一个笑得前仰后合的人在一起时你会笑得多厉害，或者当你经历困难时一个拥抱或一只搂着你肩膀的胳膊会让你多安心。你无法用上网来替代这些。虚拟互动会提供很多

194

好处，但最好也能够花些高质量的"面对面"时间和朋友或其他人一起度过。

 ## 感恩之心

许多人容易关注生活中不顺的事情。在看完晚间新闻后，你可能发现自己一直生活在满是坏事的世界中；或者在和朋友吵架后，对彼此的关系感到厌倦。虽然识别并解决我们面临的挑战是有帮助的，但习惯性地关注负面信息会造成不切实际的看法并让我们感觉糟糕。如果你偏向于负面的思维，则意味着你没有对周围发生的所有美好事物给予同等的重视。

195　　　研究表明，通过有意地想象发生在生活中的美好事情（让我们心存感激的事情）可以增加情绪健康。这可能和我们每天有意识地记下积极事情一样简单。比如，你可能发现今天在公交车站与另一个同学聊天挺愉悦的；或者当你完成一项长期工作后，会感到一种成就感；或者因为在屋外坐了一会儿，你可能会发觉今天的蓝天和阳光很不错。进行定期的"感恩练习"可以帮助你建立更平衡的观点。

心理学家马丁·塞利格曼（Martin Seligman）发现，"三件好事"的练习会对人的心理健康有明显的好处。这包括每天结束时花几分钟来反思并写下今天进展顺利的三件事以及发生的原因。要达到"感觉良好"的效果，可以自己尝试一下。

下面是一些可以加入"三件好事"列表的例子：

- 我的历史论文被准时接收了，这是因为我一直很努力。
- 今年早上，我在公交车上和一个高我一年的男生聊得很开心，这是因为我没戴耳机。
- 我的自行车被修好了，因为我找邻居帮忙。

- 晚上我和爸爸谈得很投机,因为我愿意告诉他困扰我的事情。
- 午饭时,我和一群男生聊得很开心,因为我们相处得很好,也有相似的幽默感。
- 我在健身房练得很带劲,因为我很努力地督促自己。
- 我晚餐吃了意式宽面,这是妈妈特地为我做的,因为我告诉她我最喜欢意式宽面。

反思 *196*

写下今天你觉得不错的三件事以及发生的原因:

 简言之……

- 为了保持健康的心态,我们应如同照顾情感需求一样照顾我们的身体。身体需求包括健康饮食、定期运动和充足睡眠。
- 此外,培养良好的社会关系,平衡屏幕生活与现实生活,以及感恩生活中发生的美好事物也有助于保护我们的心理健康。

第十五章
支持和资源

  表达和沟通

　　尽管本书中描述的策略也许能帮助你渡过难关,但在某些情况下仅有这些策略还是不够的。如果你感到不知所措、压力重重、抑郁、无法控制,或者应对起来十分艰难,则必须通过表达和沟通来寻求支持。和信任的人讨论你的问题会让你感觉更好,被倾听会让情况有所改变。

　　想出三个在你遇到困难时可以求助的人(即你认识的可以为你提供支持的人,例如父母、一个特定的朋友、某个亲戚、老师或学校辅导员)。

　　支持人员 1:

　　支持人员 2:

　　支持人员 3:

电话与在线咨询

　　有时你很难联系到你认识的人(也许他们没空,或者时机不对)。在这种情况下,你可以使用电话和在线咨询服务。这些通常是保密(无须身份证明)和免费的。有些机构会提供全天的服务,即使是凌晨三点,也会有人提供支持。

在澳大利亚,有如下选择:

- **Kids Helpline**:1800 55 1800(提供 7×24 小时电话咨询服务,服务对象为 5—25 岁人员:免费且保密);也可通过 kidshelp. com. au 获得网络咨询和电子邮件咨询服务。

- **Lifeline**:13 11 14(提供 7×24 小时电话咨询服务,服务于所有年龄段:免费且保密);也可以在 lifeline. org. au 上进行网络咨询。

- **eheadspace**:1800 650 890(提供每周 7 天的电话咨询,服务时间是上午 9 点至凌晨 1 点,适用于 12—25 岁人员:免费且保密);还可以在 eheadspace. org. au 上进行网络咨询和电子邮件咨询。

- **Beyondblue Support Service**:1300 22 4636(提供 7×24 小时电话咨询服务。针对所有年龄段:免费且保密);还可在 Youthbeyondblue. com 上进行网络咨询和电子邮件咨询。

- **Suicide Call Back Service**:1300 659 467(如果你或你认识的任何人有自杀倾向,可拨打该热线,它提供 7×24 小时服务,适合所有年龄段:免费);还可以在 suicidecallbackservice. org. au 上进行网络咨询和视频咨询。

面对面的支持

当你正在经历一段困难时期时,面对面的专业咨询也可以在很大程度上帮助你。你可以先和学校辅导员或全科医生谈谈。全科医生可以把你转介给心理学家、精神病医生或其他心理健康从业者。这些是专业人员,可以帮你理解正在发生的事情,并找到应对压力环境和管理情绪的方法。

有关健康专业人员的分类以及如何获得服务的更多信息,请访问 ReachOut 网站 au. reachout. com 上的"求助类型"部分。

199

在线支持和相关信息

在网上寻求心理支持和相关信息之前，请记住，不是所有搜索中看到的内容都是有帮助或能带来好处的。须知道，网络内容有好有坏，也有不适的（即是有伤害性和破坏性的）。因此，只看那些具有良好声誉的可信任的网站，如下所述。

推荐网站

- **ReachOut**（au. reachout. com）：该网站旨在促进年轻人的心理健康，并且是专为 12 至 25 岁的年轻人设计的。它包含广泛的主题和建议，包括处理情绪低落和焦虑、饮食失调、身体形象问题、欺凌、性、友谊和人际关系。还有很多有审查机制的论坛，你可以在上面和其他人聊聊面临的任何困难。ReachOut 会定期更新相关实用网站和应用程序的信息，同时会引导你去所在区域接受相关的支持服务。
- **Youthbeyondblue**（youthbeyondblue. com）：这个网站旨在帮助 12—25 岁的孩子及其家人和朋友应对抑郁和焦虑。它包含相关的信息、支持源和具有审查机制的论坛。
- **Bite Back**（biteback. org. au）：该网站由黑狗协会（Black Dog Institute）运营，适用于 12—18 岁的年轻人，旨在促进他们的身心健康。

免费互动在线自助项目

- **The Brave Program**（brave4you. psy. uq. edu. au）：该项目旨在帮

200

助年轻人应对焦虑和担忧。

- **E-couch**（ecouch. anu. edu. au）：该项目包含一些处理抑郁、广泛性焦虑和担忧、社交焦虑、关系破裂以及丧失和哀伤的模块。（不只面向青少年。）
- **MoodGYM**（moodgym. anu. edu. au）：该项目使用认知行为治疗方法（CBT）帮助人们预防或应对抑郁。（不只面向青少年。）
- **Smiling Mind**（smilingmind. com. au）：该网站包含免费的在线正念冥想项目，旨在帮助人们应对日常生活中的压力和挑战。

免费的应用程序

- **ReachOut Breathe**：此应用程序通过引发你放慢呼吸（并监视心率），帮助你减轻压力和焦虑的身体症状。
- **ReachOut WorryTime**：此应用程序为你提供存放担忧的空间，并在你需要思考的时候给你提醒。当你不再担忧时，你可以放下它并继续前行。
- **ReachOut Recharge**：此应用程序旨在通过建立良好的睡眠/唤醒模式来改善情绪、精力和幸福感。
- **Smiling Mind**：此应用程序为所有年龄段的人提供冥想指导。
- **Giant Mind**：此应用程序也是为所有年龄段的人提供冥想指导。

想了解更多有关针对青少年的应用程序的更新信息，以及相关的使用者评论，请访问 au. reachout. com/sites/thetoolbox。

写在最后的话

201

我们希望你能喜欢阅读这本书，也希望它提供了一些在你人生旅程中会对你有所帮助的策略。和所有人一样，你无疑会面临充满压力、失望、沮丧、烦恼和恐惧的时刻。尽管生活并不总是一帆风顺，但请记住，艰难的时刻总会过去，你最终能克服所面临的障碍。我们希望本书中提供的观点和工具可以使你的人生旅途更加顺利。最后，让我们致敬所有人生中的起伏和起伏中的人生！

萨拉和路易丝

索　引

197

译后记

青少年时期，即青春期，是一个从依赖到独立的过渡期，同时伴随生理上的变化，因此青少年的心理经常是摇摆和多变的，这是一个自我寻找的过程，也是一个走向成熟必经的过程。但是，对所处的家庭来说，会因此而产生动荡，于是出现要么过度控制，要么过度放任的情况，结果反而让青春期问题愈演愈烈，而寻找平衡才是解决之道。

本书就是一本有助于找回平衡的心理自助书，尽管字数不多，涉及的内容和背后的哲学却是面面俱到的，不仅讨论心理的层面，还讨论生物学的层面（比如：睡眠、运动以及饮食的意义，见第十四章"自我照顾"）；不仅包含了如何改变，也包含了如何接纳（见第十章"正念"）。这传递了一个理念：人的心理其实是非常复杂的现象，不是单一因素所致，而是童年经历、身体疾病、家庭氛围、社会压力、文化浸染等多种因素交互作用的结果。当你采用更广阔的视角观察心理现象的时候，才可能对心理有着更加清晰深刻的理解，才可能发展出更加平衡有效的应对方式。

本书所提供的策略是认知行为治疗取向的。认知行为治疗（CBT）是目前国际上循证证据相对丰富而且短程高效的心理治疗方法，它强调学习的重要性，使个体通过观察记录自己的情绪、想法和行为，反思三者的关联和互动，不断试错，从而发展出更加平衡有效的应对方式。这一理念贯穿本书始终，同时本书也提供了大量的生活实例以及具体操作方法，会让读者感同身受并有所启发。

本书浅显易懂，至少原版如此，希望我的翻译也能达到这个标准。

"浅显易懂"是我个人非常推崇的著书理念，因为真正的智慧不在高深，真正的理论不在复杂，正所谓"大道至简"。本书不仅面向青少年，即使是成人也会从中受益，因为不论是青少年还是成人，虽然面对的生活场景不同，但处理负面的情绪、烦乱的想法、异常的行为、纠缠不清的人际关系等困扰的心理学方法都是相似的。除此之外，家长和老师也可以通过本书了解青少年的心理特点，借助本书所提供的心理学策略，帮助青少年更好地面对成长问题，并发展出更加良性的亲子关系和师生关系。

最后想说的是，尽管英文原版简单易读，但我在翻译过程中还是遇到了许多困难，尤其是文化差异相关的口语化表述，在此特别感谢本书的责任编辑白锋宇和一位英语专业的朋友郑珂茹，数次帮我渡过难关。希望读者喜欢这本实用的心理学书籍，对于书中的错漏之处，也请读者不吝指正。

邓雪滨

2021 年 2 月 15 日